U0396739

JAPANESE-STYLE GUESTHOUSES

日本民宿

赵 翔（福冈大学教授）/ 编著

潘潇潇 / 译

广西师范大学出版社
· 桂林 ·

images
Publishing

图书在版编目（CIP）数据

日本民宿／赵翔编著；潘潇潇译 .—桂林：广西师范大学出版社，2018.9（2020.7重印）
ISBN 978-7-5598-1138-7

Ⅰ．①日… Ⅱ．①赵… ②潘… Ⅲ．①旅馆－建筑设计－日本－图集 Ⅳ．① TU247.4-64

中国版本图书馆 CIP 数据核字 (2018) 第 199923 号

责任编辑：肖　莉
助理编辑：孙世阳
装帧设计：张　晴
广西师范大学出版社出版发行

（广西桂林市五里店路 9 号　　邮政编码：541004）
（网址：http://www.bbtpress.com）

出版人：黄轩庄
全国新华书店经销
销售热线：021-65200318　021-31260822-898
恒美印务（广州）有限公司印刷
（广州市南沙区环市大道南路 334 号　　邮政编码：511458）
开本：787mm×1 092mm　　1/16
印张：16.25　　　　　　字数：290 千字
2018 年 9 月第 1 版　　　2020 年 7 月第 3 次印刷
定价：168.00 元

目 录

超越日常的"愈悦空间"

1. 民宿的概念形成与特点

本书题目中的"民宿"两字虽然在中文和日文中的写法相同，但内涵是有一定差异的。在这里先对日本的民宿范围进行一些解读。

20世纪90年代末以后，到日本旅游的中国游客逐年增多，不少人对日本大多数面积狭小、设备陈旧、设计概念落后的饭店、旅馆等住宿设施感到意外和失望。因为那时中国经济高速增长，进入21世纪以后，随着北京奥运会、上海世界博览会的筹备和召开，到处都有新建成的住宿建筑。2010年以后，这些情况开始有所改善，这十几年是日本的住宿建筑经历的一个从量变到质变的时期，这应该和前往日本旅游的人数的快速增长有关。

随着旅游业的急速发展，2014年以后，日本出版了不少有关旅游促进经济的畅销书，如《打造世人最想访问的日本》《深山里的小旅馆每天都被外国游客订满的缘由》等。2012年，到访日本的外国游客近840万人次，2017年则猛增到2870万人次。日本政府的目标是2020年接待4000万人次，2030年达到6000万人次。目前，日本的游客对日本旅游业的整体服务比较满意，对不少住宿空间设计效果也很认可。但这些服务和空间都是在外来游客还没有如此之多时就已经存在的，并不是看了那些畅销书以后才产生的。和其他各种服务行业一样，日本旅游业也是遵循"顾客就是上帝"的服务理念，围绕游客的看、游、吃和住等需求，提供了很多国家或地区少见的或是要支付高额费用才能获得的细腻、体贴、到位的服务。因此，体验了这样服务的一些人希望把这种"住宿环境"移植到其他地方去，创造新的事业。属于价值观和文化习惯的"软件"部分不易移植，于是作为支持软件的平台——空间、建筑就成了关注点。城市中的住宿建筑在名称上都已经基本固定，不是饭店，就是旅馆。但那些分布在郊区、乡村，建在自然环境中的住宿建筑种类很多，又受到各种外来语的影响，不方便记忆。因此，和式环境下的住宿建筑及其服务，在不知不觉中就被国外以"民宿"这个词概括了。

2. 民宿的分类

日本的民宿的确是指分布在乡村或旅游地的住宿建筑。根据日本《旅馆业法》的分类，民宿大多拥有简易住宿设施经营执照。而在日本法律体系中，"民宿"这个词最早出现在1994年通过的《农山渔村余暇法》中，该法第2条第5款中定义了"农林渔业体验民宿业"。2003年，日本的《旅馆业法》在全国范围内放宽限制，引用了"民宿"的称呼，规定更改为即使客房总面积不足33平方米，也可以获得简易住宿设施经营执照。近年，利用这一政策的小型农林渔家民宿数量骤增。

建造设施，特别是供人居住的设施，需要依法接受有关部门的检查。饭店与旅馆的分类和定义由法律界定，具体内容见住宿建筑的分类、定义、相关法规表（表01）。

在日文中，住宿建筑的"饭店"一词是用片假名标注的英语单词"hotel"。英语"hotel"源自中世纪的法语"hostel"，由拉丁语的"hospitale（医院、住宿所）"一词演变而来。而"旅馆"一词则由中国传来，在明治时代，这个词用来表示与以往的住宿建筑不同的高级设施。表02是饭店、旅馆的分类结果，从中可以较全面地了解到饭店、旅馆的区别和特征。不过，最近也出现了只有客房为和式房间，而外观及公共区域几乎与饭店形式相同的旅馆，因此仅从设施方面来区分饭店与旅馆变得困难了，这是定义范围的不确定的部分，也是设计、建筑的多元性和使用上的多种需求的结果。被外界认为

表 01 住宿建筑分类、定义、相关法规表

分类		定义	所属（监督机关）	相关法规或标准（主管机关）
饭店	城市饭店	装备有住宿、宴会、餐饮等功能的饭店	日本饭店协会（国土交通省）	国际观光饭店整备法（国土交通省综合政策局） 旅馆业法（饭店经营）（厚生劳动省健康局）
	度假饭店	位于观光地、疗养地的饭店		
	社区饭店	在地域社区中以宴会、餐饮为主的饭店		
	商务饭店	以住宿功能为主的饭店	全日本城市饭店联盟（国土交通省） 日本观光旅馆联盟（国土交通省）	旅馆业法（饭店经营）（厚生劳动省健康局）
旅馆		以和式客房为主的旅馆设施	国际观光旅馆联盟（国土交通省） 全国旅馆环境卫生同业组合联合会（厚生劳动省）	旅馆业法（饭店经营）（厚生劳动省健康局）
民宿		农林渔业体验民宿业		农山渔村余暇法

表 02 住宿建筑的种类

大类别	名称		特色
饭店	市区饭店	商务饭店	主要以商务旅行者为对象 提供廉价的住宿设施 大多建在交通便利的地方
		城市饭店	作为住宿、会议、宴会、待客、餐饮等场地，用途多样 作为城市设施被广泛使用 大多建在城市中最有活力、交通便利的地方
	度假区饭店		根据位置条件各具特色 建造时充分考虑环境条件 大多拥有附设的休闲、娱乐设施
旅馆	城市旅馆	普通旅馆	主要以商务旅行者为对象 建在城市中最有活力、交通便利的地方
		以提供食物为主的旅馆	以宴会、会议等场所为主体的日式旅馆
	旅游区旅馆		根据位置条件各具特色

是"民宿"的那些住宿设施，虽然其本身的边界模糊，种类多样，但实质上是指那些小型的、高品质的住宿建筑。考虑到各地区，尤其是东亚地区的游客对日本民宿的理解，实际的建设情况以及日本和世界范围对民宿的一般性认知，本书选择的案例以近年建成的、小型的、高质量的住宿建筑为主。

日本在 1994 年就确立了民宿相关的法律、规则，对民宿的使用目的和基本建设都有一定的解释和要求。但从建筑类型上分的话，民宿基本上是一个简易的小型住宿设施，其设计目标和方法也是在住宿设施的范围内。由于是住宿的建筑，所以有多种不同的名称，再加上又有西式（如饭店、宾馆）与和式（如旅馆）等叫法，名称之多相当不易把握。但梳理目前各种住宿建筑的信息，还是可以列出如表 03 的内容。

通过表 01、表 02 和表 03 的内容，我们基本上可以明确一个在日本复杂多样的法律、行政条例管理下的住宿建筑的范围。其中，给旅行者"民宿"印象的现代日本民宿也许就有一种混合的意图，保留一部分"和"空间，其余的是"洋"空间，用这样的结果来对应旅行者的多种需求。

表 03 "民宿"建筑的种类

类别	名称	特色
度假区饭店 或 旅游区旅馆	温泉旅馆或饭店	价格适中又有居家气氛的温泉住宿建筑
	民宿	价格适中、提供有居家气氛的和式住宿建筑
	西式民宿	价格适中、提供有居家气氛的西洋式住宿建筑，也被称为西式民宿
	出租别墅或平房	以住户为单位的独立别墅式或平房式的住宿建筑，适合家庭和小群体使用。独立性、个体性是这种建筑的魅力所在
	山中小屋	山里的住宿建筑，适合滑雪等户外活动。地处活动所在地是这种建筑的魅力
	小型度假设施	规模虽小，但能提供不同于大型度假村的高水平服务
	美食和住宿	大多地处郊外，以提供有特色的美食为主题，也可以住宿。近年受美食热的影响，增加幅度比较大
	大房间宿舍	一个可容纳多人的住宿环境。大房间、上下铺，男女混住或男女分住

3. 住宿建筑简史

日本住宿设施的历史可以追溯至平安时代 (8 世纪至 12 世纪)。那时依据"驿制"而形成的"驿家",是贵族及官吏的公用住宿设施。而针对平民的设施,除了被称为"布施屋"的免费住宿场所,还有叫作悲田院或急救院,用来收容旅行途中的病人或饥饿者的设施。进入镰仓时代 (12 世纪末至 14 世纪) 之后,随着各地间人们往来的逐渐频繁,面向平民的住宿场所开始兴建起来。到了江户时代 (1603 年至 1867 年),已经有了很多针对不同阶层的住宿场所,如大名 (地方首长) 或高官用的本阵、胁本阵,平民用的旅笼 (图 01)、木赁宿等。旅笼原本的意思是"装马饲料的笼子",因为当时旅行者主要依靠马才能旅行,并且都需要携带饲料。

明治时代 (1868 年至 1912 年),自旅笼发展而来的旅馆开始普及。旅笼的客房都是大家同住一个大房间的形式,而旅馆通常是用墙壁隔出单间,并设有壁龛。第二次世界大战之后,特别是 20 世纪 60 年代以后,日本的生活进一步西化,面向大众的西式饭店开始普及。在城市中,客人不愿意住旅馆了,所以有不少以和式为主的旅馆也逐渐转变为饭店的住宿形式。

明治一年 (1868 年),在东京筑地建成了日本最早的西式住宿建筑筑地饭店 (图 02、图 03)。饭店也兼作交易所,主要供外国人使用。这个木结构的住宿建筑,在建成四年后毁于一场火灾。明治二十三年 (1890 年),在

根据 1676 年的
桂屋荣吉旅笼的资料绘制

图 01 旅笼实例

东京麹町建成了真正的西式饭店——帝国饭店，这是一座具有文艺复兴样式的三层红砖建筑，是由美国建筑家弗兰克·劳埃德·赖特设计的。据说赖特因为爱情，在家乡遇到了一些困难，而在这个特殊时期，正好有日本明治政府的饭店邀请他设计，于是他接受了邀请，借设计工作暂居日本。作为一个并非定居，但又需要较长时间住在日本的人，赖特对住宿建筑的理解有其独特之处。赖特把他对居住的理解和期望融进帝国饭店的设计中，从其功能及平面布局上就能很好地了解到它的内涵（图04）。另外，赖特和参与设计的工程师们采取了新的抗震措施，使建筑连同庭园一起"像船浮在海面上"。当1923年日本发生关东大地震时，其他建筑物纷纷倒塌，而帝国饭店真的"浮"在了地震灾区的废墟上面，而且庭园中水池的水也按当初的设想那样兼作了消防水

图02 筑地饭店立面图

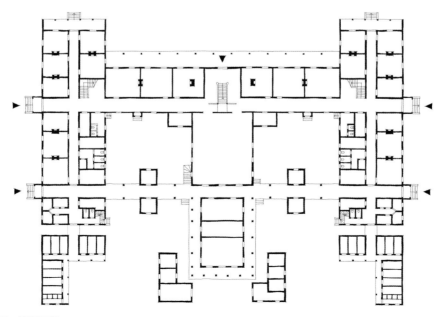

图03 筑地饭店一楼平面图

图 04 帝国饭店一楼平面图

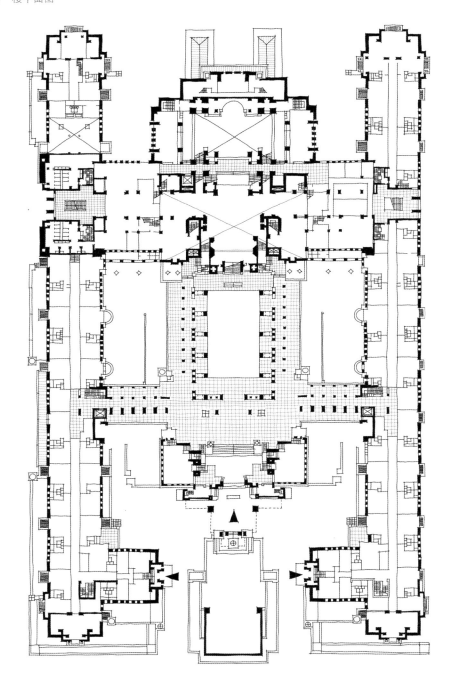

源之用。这样出色的结果，让帝国饭店自然地成了日本的代表性饭店，它的设计概念和方法成为日后日本饭店设计的基础。

当然，日本的住宿建筑在吸收外来建造技术和设计概念的同时，也进行了一定程度的创新。例如，1936 年在东京新桥落成，拥有 626 间客房的东亚最大商务旅馆——第一饭店就是其中之一。其新概念有：只接待来东京出差的住宿客，不考虑兼顾其他功能（如豪华间、双床间等），并在整栋建筑中布置了暖气和冷气。而当时日本住宿建筑的代表帝国饭店都还没有在整栋建筑中布置冷暖气。

第二次世界大战日本战败，百废待兴。从 20 世纪 50 年代开始，作为战后复兴的一环，日本再次开始大规模建设饭店。20 世纪 60 年代，以举办 1964 年东京奥运会为契机，国际性的大型饭店如雨后春笋般在东京出现。20 世纪 70 年代，日本又开始建造设备合理、经营效率高、房价便宜的中型城市饭店、旅馆和商务饭店。

近些年，城市饭店、旅馆的建筑物倾向于大型化、高层化，并增加了多种设施项目，以更加高级为目标。与此同时，为应对休闲时代，越来越多的度假地的饭店、旅馆通过体育、健康或者文化、艺术等主题性的营业企划和内容，来体现与其他设施不同的特色。

4. 和式住宿建筑的经营方式

住宿建筑有不少类型，如果按经营的方式来讲，有外来的饭店式经营和本土的旅馆式经营两种方式。一般来讲，饭店多属公司性质，而旅馆则以家族经营居多。饭店和

旅馆的组织形式不同，因此空间的设计也会各有侧重。饭店的日常经营和服务，分别由为客人提供服务的营业部门，以及担任事务和技术等工作的管理部门负责。

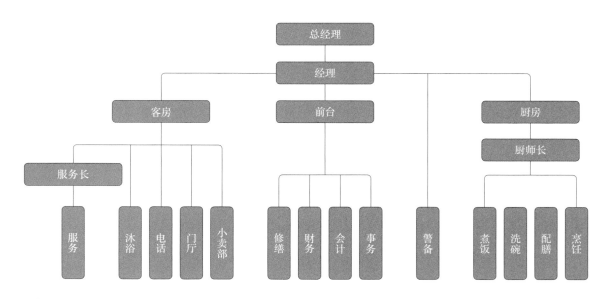

图 05 旅馆的业务组织

以住宿部门为中心的营业部门，和住宿、餐饮及宴会比重相当的营业部门的经营方式并不一样，后者的组织分得更细，形态也更为复杂。

饭店的经营和管理是依照一种国际通用的方式进行的，而从旅馆的日常经营中则更能了解到具有日本特色的内涵（图 05）。"民宿"中有不少采用的是旅馆式经营管理方式。旅馆的服务人员一般由总经理、前台服务员（账场）、女服务员（仲居）和厨师（板前）构成。前台服务员的工作，又分为负责安排房间、引导客人、收拾鞋子和应答客房服务要求的前台外服务，以及承担事务、会计、修缮的前台内服务。饭店由厨师长管理厨房部门，而旅馆管理烹饪相关事务的则是板前。与饭店的客房服务不同，旅馆的特征是家庭式客房服务，其特点之一

就是客人在自己的房间里吃饭，饭菜由服务员运送。仲居是直接的负责人，是接待服务的核心。这种方式比饭店更能突出日本住宿建筑的特点。但是近年来，由于西式生活的渗透、顾客增多、难以找到工作人员等问题，旅馆不断推动合理化经营，传统的经营形态越来越少，已经逐步接近饭店的组织形式了。

5. 建筑的计划与空间设计

这些年来日本住宿建筑发生的变化引人关注，原因之一是日本具有可对事物进行深入细化研究和实践的土壤及文化背景。具体到空间设计上，这种深入细化的知识和方法来自其学术体系。与个人住宅的设计不同，饭店、旅馆的使用者是无法事先确定的。因此，这类住宿建筑面对的课题，首先是如何来应对大量事先无法明确的性别、年龄、收入、教育、信仰和生活习惯等问题，也就是拥有非特定属性的住宿客人群体的空间需求。建筑学里的建筑计划学，为这种"非特定多数"人群进行了认识论、方法论和实践论方面的长年研究，已积累了以人的行为、生理效果、适当性为对象的空间功能、规模和组合构成等研究成果。依据这些内容进行设计，可以让建筑物有一个合适的框架，使大多数的住宿客获得最基本的空间体验。民宿虽然种类各异，但其设计的常规性内容也是包含在饭店、旅馆当中的。相关的内容可以分为

六个步骤。这些步骤并不是完全独立的，有时是交叉的，有时则是并行的。一般情况下，按以下步骤来进行，可以获得一个基本的模式，再在模式中加入深化（如功能效果）和细化性（如感觉效果）等内容，就能设计出一个具有非日常个性并保证日常共性的住宿建筑。

5.1 结成设计团队——决定建筑创意的方向（步骤 1）

住宿建筑因为其功能复杂，而且要比办公等用途的建筑物进行更多的生活、艺术设计，所以需要有一个各种专业合作的设计团队。其涉及的范围相当广泛，除建筑物本身的空间、形态、结构、设备、电气等部分外，还包括厨房、音响、标志、家具、室内设计、照明、景观等和建筑物有直接关系的部分。另外还有员工制服、招贴、被服、日常用品、餐具、工艺品和艺术品等和建筑物有间接关系的

部分。从图 06 可以看到，团队的组建无论是对设计的最终效果，还是对设计过程都会有很大影响。设计团队的组成主要与以下几个因素有关：（1）住宿建筑的规模和内容，尤其是项目方特别关心的地方和其委托范围；（2）设计周期；（3）设计报酬。大型住宿建筑的设计，需要很好地考虑各专业之间是一种什么样的合作关系。小型的住宿建筑设计，虽然主创建筑师会承担一多半和建筑物有直接关系的设计工作，如厨房、家具和室内部分，但还是要和制服、招贴、餐具等设计或采购人员沟通好，避免最后建筑环境的整体效果产生错位或者缺乏相关性的风险（图 07）。

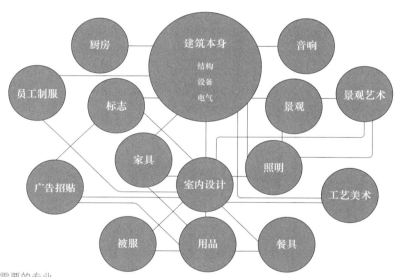

图 06 住宿建筑设计需要的专业

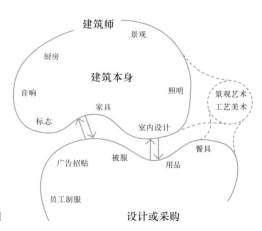

图 07 建筑师主导设计的合作关系图

5.2 选择场地——解析环境与脉络（步骤2）

对预定位置地区进行市场动向、竞争对手等全方位调查，分析预定建设用地的土地适用性、盈利能力等详细内容，选择最有利的土地。用地的良莠和地区有关系，也和用地本身所具有的自然、社会、人文条件，以及用地的交通条件有关。决定用地时需确认以下几个条件：

5.2.1 与地区相关的条件

确认要点包括：（1）建设预定地区的特征；（2）未来的发展计划与每年访客人数；（3）当地的消费水平；（4）公交车、铁路、机场、高速公路、主要干线道路等交通条件；（5）当地的文化、旅游资源、特产等。

5.2.2 与用地场所相关的条件

确认要点包括：（1）场地本身及周围的动植物生态的状态；（2）上下水道、电力、煤气、网络、道路等装备状况；（3）用地分类、建筑密度、容积率等建筑法规的制约；（4）用地的面积、形状、地价；（5）是否有竞争对手，以及其规模、营业成绩、客源等；（6）租用者的入住条件。

5.2.3 与交通相关的条件

需要进一步确认的要点包括：（1）用地周围的交通种类和方便程度；（2）用地前的道路宽度及周边道路；（3）设施所能服务的距离范围及条件。

城市型的住宿设施，最重要的用地条件之一是交通的方便程度。但是，对于度假区或旅游地的住宿设施，周边的景观和环境则是首要条件。另外，有丰富水源，水质良好，无须担心水灾或风雪灾害等也很重要。此外，还要可以从事与度假区特点相符的活动，比如，海滨住宿应有最方便进行海水浴的海岸、沙滩；农业体验地区要有便于利用农园、果园这样的场所；山中小屋的位置选择应该和登山路径、距离等联系起来。

5.3 总体及各部分的规模——决定建筑的规模及特征（步骤3）

根据需求调查、用地调查算出住宿建筑的规模及适当的顾客人数，根据预期的顾客人数求出所需客房数，再根据客房数算出大致的总建筑面积和建设所需的费用。

决定不同部门的建筑面积：决定了总建筑面积之后，分配各个部门的面积。不同部门的构成比例根据住宿建筑的不同特征而不同，参考类似的事例设定比率，求出不同部门的建筑面积。

决定客房的种类和客房数：根据住宿建筑的特征确定适当的单人间、双人间、大床间等房间数以及比例。

5.3.1 住宿建筑的规模分布

住宿建筑的规模有大有小，差别比较大。大的会超过1000个客房，小的只有几间。日本的住宿建筑，从数量上来讲，100间客房以下的比较多，其次是500间客房以下，1000间客房的住宿建筑较少。总建筑面积基本上都在50 000平方米以下，其中10 000平方米以下的居多。

5.3.2 住宿建筑的功能构成

图08是说明住宿建筑内各种功能和其空间的关系图，空间关系主要是以顾客和员工的移动线路作为基本条件。因为此图是按"非特定多数"的原则绘制的，所以实际应用时可根据具体情况进行适当的增减。如图所示，住宿建筑的这些功能区可以是一些独立的房间，也可以是一个共用房间，或者是一个大空间中的一个角落或一个区位。根据功能的特征又可分出若干部门（功能群），其中餐饮部门、营业部门等，统称公用部门，客房部门与公用部门均属于客人使用的部分，被称为客用部分；事务部门、烹调部门、机械部门、客房服务、福利设施等与住宿管理方面相关的部分，被称为管理部门或后勤部门。各

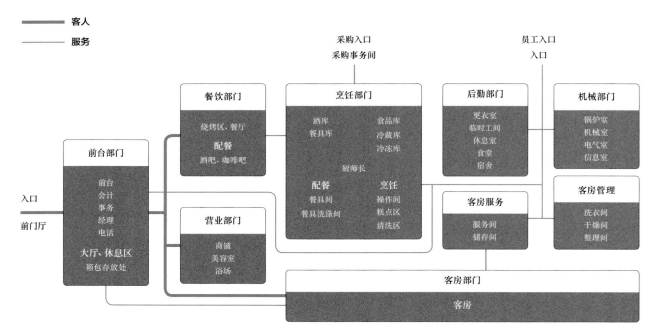

图 08 住宿建筑功能和空间关系图

部门的面积分配及空间配置的方法是否合理，会直接反映到住宿建筑的收益或使用方便与否上，合理地计划这些内容是设计的关键所在。

收益部门主要有客房部、餐饮部、营业部。客房部的收益取决于客房种类的组合。客房种类及面积大致有标准单人房、标准两人房、小单人间、小双人间、大单人间、大双人单间或套间、日式间及设备管道用的 PS、DS。民宿中较为常见的日式客房也会有 6 帖（1 帖约 1.7 平方米）、8 帖、10 帖和 10 帖以上等不同大小的选择。

5.3.3 每间客房面积和总面积的比例

用总建筑面积除以客房数得出每间客房的面积，确定客房的大小，以及大厅（堂）、餐厅等大小，并以此作为

表示饭店设施等级的指标。每间客房的面积与客房数会根据所在地的不同而变化。

每间客房的平均面积，也会因为住宿建筑的特点（城市的、度假地的、社区的、商务的、旅馆的）而不同。目前有几个经过实例统计计算后的参考值：125 平方米是宽敞型，75 平方米、85 平方米、95 平方米左右属于中等范围，35 平方米则是紧凑型。

5.3.4 不同部门的面积构成

从经营的角度来看，住宿建筑可以分为客房部门、餐饮部门、商铺等直接与营业收入相关的收益部门和其他的非收益部门。有资料表明，收益部分的面积范围在 43% ~61% 之间，非收益部分的面积范围在

39%~57%之间。找到一个合适的比例，既有益于建筑的初期投资，也可以广泛地、长期地对应设施合理运营时所需要的空间。

占收益比重大的客房部门，其比例也会因为住宿建筑的特点而不同。选择多种收入渠道的住宿建筑，客房部门所占的面积为 40%~50%，以客房收入为重的住宿建筑的客房部门面积占 60%~70%。按住宿特点再细分的话，有以下客房部门面积比例参考值：社区约 31%、城市约 44.5%、度假地约 45%、旅馆约 48.5%、商务约 71%。

5.3.5 各部门的面积计算

客房数是计算住宿建筑整体规模的基础数值，以此为依据，计算建筑整体的总建筑面积。在概算上，每间客房的总面积乘以客房数即为总建筑面积。各部门的面积，可以通过总建筑面积乘以图 09 的构成比例求出。但是，这样算出的各部门面积仅仅是大致的基准，随着计

划的深入，面积会变成更为现实的数值。

5.4 平面规划——确立建筑空间的形态（步骤 4）

整体的平面规划：针对用地讨论空间体量，决定配置计划、楼层安排等建筑整体的空间构成。

以下内容是这个步骤中需要考虑的一些基本操作，这些操作中需要用到场地等图纸信息。

5.4.1 体量分析

首先，要根据法令与条例和规范中对建筑密度和容积率的规定，确认按照前文提到的步骤算出的总建筑面积可以在实际的基地上建造。另外，高度、斜线、日影等限制，也会制约建造建筑物的空间体量和形态。因此在进行设计之前，必须要分析在这些限制条件下，可以建造多大面积、多大体量的建筑。

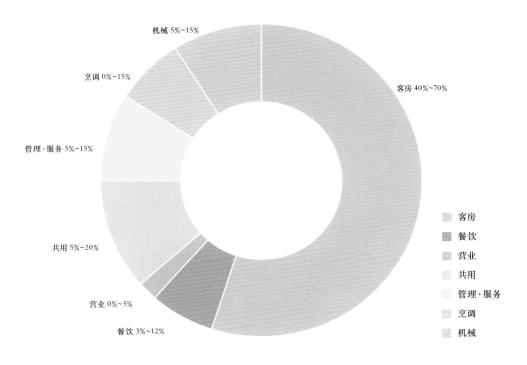

机械 5%~15%

烹调 0%~15%

客房 40%~70%

管理·服务 5%~15%

共用 5%~20%

营业 0%~5%

餐饮 3%~12%

- 客房
- 餐饮
- 营业
- 共用
- 管理·服务
- 烹调
- 机械

图 09 住宿建筑各部门面积构成比例

5.4.2 配置规划

主楼、副楼、停车场、庭园等各种设施的配置需要留意以下几点：

(1) 考虑用地的大小、形状，与周围道路的连接路线、周边的环境及地形，确定主楼大致的平面形状。

(2) 从利用自然能源的角度考虑建筑物的朝向及客房的眺望角度，决定建筑物的主轴。

(3) 如果未来有增（减）建计划的话，也要将此因素考虑在内。

(4) 从道路到大门入口，徒步客人的移动线路和汽车的移动线路不要交错。工作人员以及搬运物品的工人的出入口，尽量安排在客人看不到的位置。

(5) 停车设施必不可少，但要考虑是设置在地价高的建筑物一层，还是利用附近的收费停车场。

(6) 规划庭园要考虑用地的大小及周边的状况。用地不充足时，可以设置中庭或在低层部分设置屋顶庭园。

(7) 确保防灾避难用的空间充足，预留消防车、云梯车可进入的道路。

5.4.3 建筑物的形态构成

根据功能图（图 08）所示的部门、空间的关系可以知道，入口的位置及各个部门的相关位置会对住宿建筑的形态及收益造成很大影响，因此是设计上最重要的内容之一。

按照建筑形态的不同对建筑物进行分类的话，主要可分为以下四个类型：

(1) 基座型：一种空间上下叠加的形态手法。上层部分比下层部分小，是紧凑的平面型。下层部分配置前台、餐厅、商业等公共管理部门，上层部分为客房部门。因为有一定的高度，顶层或屋顶可以布置有眺望效果的咖啡厅、酒吧或瞭望空间。(2) 箱体型：也是一种空间上下叠加的形态手法，但在外观上，下部和上部都拥有同样的平面形状和外轮廓。大多是下层设置公共管理部门，上层为客房部门。(3) 分栋型：客房部门和公共管理部门分离在不同的楼里或主楼和副楼相连的类型。多见于有高度限制而用地又比较充分的地方。建筑之间有些是直接通过室内空间来连接的，也有一些是用连廊或道路这种半室内或室外空间来相互连接的。(4) 中庭型：为基座型或箱体型的变形，将各个部门有机地环形衔接，围合出一个中庭。这个中庭可以是一个室内型的公共场所，也可以设计成一个自然的或是有文化特色的室外庭院。

5.4.4 防灾计划

住宿建筑一旦发生火灾，很容易造成众多人员伤亡。因为火灾大多发生在住宿客人熟睡的深夜时分，或是出现警报设备和灭火设备不能正常工作的情况，另外还有因平面复杂导致人们不能顺利避难等情况。作为防灾方面的应对措施，可在建筑物中使用耐火结构，内装修使用不燃或难燃材料，防止火灾发生。在日本，地震灾害频频发生，因此结构可以选用抗震、减震和免震的方式。不过考虑到地震后的复原工作，最近使用免震结构方式的建筑多了起来，虽然建设费用会因此有所增加。

5.5 室内和单位空间——确保主业收益和私人空间（步骤 5）

客房设计：除了要考虑客房的特点和用途，家具的种类及配置，空调和照明的方式，也要考虑建筑费用与维护费用等与经济相关的内容。

客房部门设计：确定每层楼的客房数及其配置，楼梯、电梯、服务站等位置，柱子间隔及其层高等。

无论是宽敞型还是紧凑型的住宿设施，客房肯定会占建筑总面积的绝大部分，也是收益主轴。可以说，客房设计的优劣决定了住宿设施的成败。客房是使用者的一个临时的家，能很好地应对使用者个人生活的场所、空间，是客房设计的目标和课题。使用者在日常生活中，除了睡觉、排泄、洗漱、沐浴和化妆外，还有休息、聊天、收集信息和简单工作等需求，因此客房空间的大小、样式多种多样，在各类有关的杂志、书籍中可以找到很多的例子。虽说客房样式呈现出一种百花齐放的状态，但属于个人生活的部分是有很多共同点的，因此还是有"非特定多数"的客房平面图可寻。图10是住宿设施中"西式"客房的两个标准平面图，除了大小不同之外，房间里的设备、家具、物品都是相同的，卫生间的位置也一样，都是靠着走廊一侧。这是根据"非特定多数"原则设计出来的，因此这种布局的客房空间样式要占绝大多数。不过有时对这种原则做一些调整，就会出现不同的、出乎意料的结果。比如，图11是把卫生间的位置做了调整，布置在客房的窗户一侧。这个房间在满足"非特定多数"原则的同时，又给客房这种私人空间添了新意。客房是使用者的"家"，要带着自己也将去居住的心情来考虑。以下是"西式"客房设计的确认要点（图12），它们涵盖了绝大多数居住空间的日常性项目：

(1) 床头板：自立型或靠墙型。注意不能摇晃。双人床用的床头板设置成一整块还是分离型，要根据房间布置变化的可能性。因为床头板会和人的身体发生直接接触，所以推荐选择触觉温暖、不刺激的材料。(2) 门锁。使用电子锁还是普通锁，要从客人的角度确认。对带有关门器的门锁，要特别注意锁的性能。另外，卡式门锁或其他特殊的门锁也可以作为选项。(3) 房门附属品：门镜（大门防盗眼）、门链或门挡等。为安全起见，最好配备。房号标志设置在门外，避难路线图设置在门内。(4) 房门。为了隔音，可以设置钢制平板门，加保温棉，门框加气密橡胶。在东京地区，如果是乙种安全级别以上的防火门，门内外均需要具有H300以上

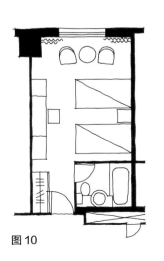

图10

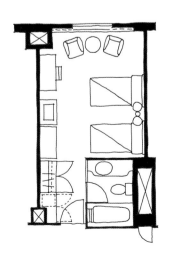

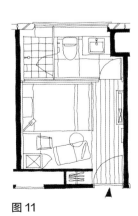

图11

的防烟功能。如果使用带有关门器的门锁，原则上为随时自闭型。在东京地区，允许使用可以防烟、带有热熔丝的弹簧式关门器（紧急情况以外为开放式）。(5) 衣柜。根据客房的住宿人数、住宿时间及顾客的条件来设置。柜子内配挂钩、领带横撑和柜内照明的话，会更方便使用。照明可以随柜门的开闭而开关。(6) 墙壁与床的间隔。铺床时需要移动的话，要留出 100 毫米以上的距离，不移动的话需要留出 300 毫米以上的距离。(7) 床的长度。床的长度尽可能不超过墙壁的长度。(8) 床之间的间隔。城市饭店的标准为 600 毫米，也有 800 毫米的。(9) 冰箱。在没有客房服务的住宿建筑内配备冰箱，或者即便有客房服务也应配备，能让顾客很方便、轻松地在有需要时，不用特别预约就能喝到饮料。有无迷你吧是客房的评价指标之一，这少不了冰箱的作用。(10) 行李台。根据顾客层相应的状态决定大小。为了不损伤墙面以及防止东西

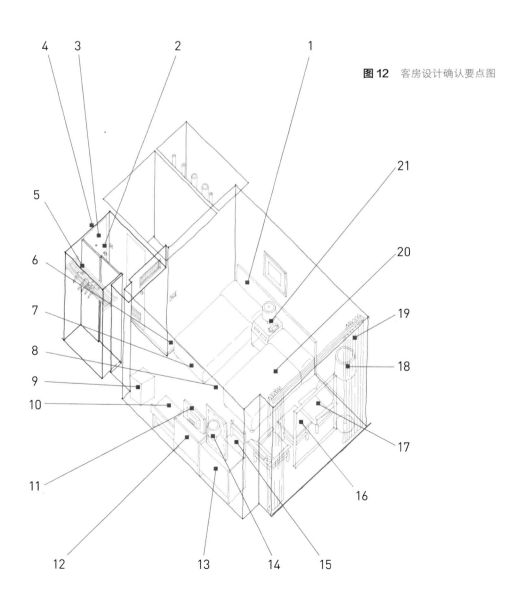

图 12 客房设计确认要点图

掉落，应在行李台后方设置挡板。下方空出来的地方可以放小行李或鞋。如果是折叠式的，要保证轻便，不用时放在衣柜里。(11) 电视台座。电视台座的位置要对应客人坐着或者在床上看电视的位置，朝向要注意避免室外的反光。房间宽敞的话要考虑控制台型，房间狭窄的话可考虑挂在墙上。台座为可旋转式。也有将电源开关和换台操作组合装进床头柜的例子。(12) 五斗橱。根据建筑的位置，以客人住宿时间长短来决定设置的量。度假村中的客人停留时间长的话，需要多设。(13) 写字台。根据客人的习惯来布置。除考虑桌面式的工作、学习外，也便于客人摆放自己的一些小物品，如一些便携设备（手机、照相机）。桌面应尽可能地宽敞和明亮。(14) 化妆镜。如果兼作全身镜的话，要设置尺寸较大的化妆镜。(15) 安乐椅。轻便、易移动、结实。(16) 茶几。考虑到客房送餐服务，要确认茶几的高度和大小。如果是可以吸烟的房间，茶几边缘要不怕烟头烫。(17) 扶手椅。易移动、扶手部分耐脏。空间够大的话，可考虑双人椅。(18) 灯具类。调整整体照明的亮度、功能、开关系统、设计方案。落地灯要稳固，不易倒下。(19) 窗帘类。靠窗一侧：① 纱帘加有遮光性的褶曲窗帘；② 遮光窗帘加纱帘等，要完全遮光。纱帘和遮光帘均要确认洗涤后不缩水。为了使拉窗帘的声音不影响隔壁房间，需要确认窗帘滑轨的安装和材质。最近有使用消音型橡胶滑轮的。(20) 床罩。就寝时：① 直接使用；② 掀掉床罩，提供夜床服务。进行夜床服务的话，要考虑床罩的收放场所。(21) 床头柜。要放各种东西，因此须注意柜面的大小。也有将夜灯设置在床头柜上的，但不管是哪一种，都需要将床头柜固定好。双人间床头柜的床头灯需要能够单独开关，同时不会因为光线太强而影响到旁边的人。机械控制板要紧凑，便于使用。

日本住宿建筑的客房除了有"西式"外，还有反映日本生活的"和式"。图 13 是一个常规做法的 8 张席"和式"客房。1 张席大约是 1.9 米 ×0.9 米。除了没有厕所外（这种时候要考虑共用厕所），其他部分基本上能满足"和

式"的生活习惯，可以算是一个标准间。相对而言，"和式"客房的面积要比同程度的"西式"客房大一些。除了这种单间的"和式"客房外，还可常见图 14 那样的"和式"套间。这是因为一些有"和式"房间的住宿设施提供旅馆的家庭式服务，内容之一就包括客人在自己的房间里用餐。大家可以参考前文中"西式"客房的确认清单的内容，找到能在"和式"房间确认的内容。

图 13

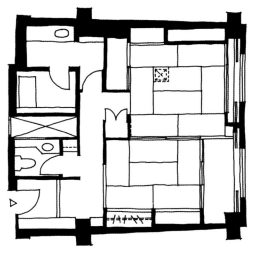

图 14

5.6 公共空间及其他——构筑主题的非日常性 (步骤 6)

本步骤要进行的工作内容包括：（1）公共部门设计：考虑柱子间距、客房数、客人的动线、空间的风格，决定大厅、休息室、服务厅、餐厅等大小及布置。（2）管理部门设计：考虑到与公共部门间的紧密联系，设置办公室、厨房、机房、工作人员福利设施等。（3）附设设施、停车场、庭园设计：一般会设置店铺及停车场、庭园等，度假区的饭店及旅游区的旅馆中长期住宿的客人较多，需要布置相应的娱乐设施及运动设施。

公共空间的设计。作为住宿建筑物，首先要满足客人的日常性需求，这一部分主要体现在客房的空间中。其次是为客人提供非日常性的空间，而这些内容需要公共的部分来对应。公共的部分包括门厅、大厅、服务厅、休息厅以及餐厅和商铺等，这些地方是住宿建筑的门面，是提供非日常性的场所和空间，也是在空间形态设计时应多下功夫的地方。在场地、资金充足的条件下，可把门厅、大厅和服务厅分别设置，但一般条件下会把这些厅合并在一起。大厅里会有休息、等候等使用上的需要，有的地方会在大厅里安排这些场所，有的地方会在连接大厅的地方安排休息厅。在空间的序列上，这些空间可以按客人入住和退房的移动轨迹来布置。有的日式住宿建筑要求在门厅处脱鞋、换鞋才能进到设施里面去，这种情况下就要布置鞋箱和换鞋的座位。

餐厅的设计具有特殊性，但是，如果要创造出一种吻合特别时间里的用餐气氛，只有"非日常"这个概念是不够的。空间本身的舒适性、宽敞性、眺望性、装饰性、象征性等都是可以选择的方向，包括在去餐厅的移动空间中切入中庭、大楼梯等衔接空间的元素，都会给客人留下不同于一般的印象。厨房的设计也是一项对专业要求很高的内容，而且和所烹调的食物关系密切。比如，常见的中餐、日餐、法餐和意大利餐的厨房就有不少差异。对加工操作顺序——出锅、装盘、上菜路径的良好把握都会有利于厨房的设计。热菜、冷菜的加工区，食材的保管和准备，洗净区都要按卫生第一、不交叉污染的原则进行。同时因为需要短时间内烹饪大量菜品，快速换气、排水也是确保烹饪质量，给客人带来"非日常性"空间的条件之一。

管理部门、停车场、庭园等当然都和住宿建筑提供的"日常"和"非日常"空间有关，但就其设计方法来讲，和其他类型的建筑通用的部分相当多，本书中就不再赘述了。

---

6. 建筑的"愈悦空间"及环境设计

1936 年在东京新桥建成的东亚最大的商务饭店之一——第一饭店的建筑设计新概念和方法，给日后日本的中小型饭店、旅馆（包括民宿）定下了一个专一、紧凑和高效的基调。第一饭店只考虑那些出差的商务人员的住宿，并提供标准化服务的模式。当时，帝国饭店是每个服务员为 10 个房间提供服务，而第一饭店则是一人服务 25 个房间。这个基调一直到 20 世纪 70 年代仍然发挥着作用，但之后就不那么灵验了。到了 20 世纪 90 年代末，仍按这个基调建造的住宿设施大多面临着生存困扰，以至于出现前文提到的，来自发展中国家的旅行者也没有对其留下正面的印象。这是因为随着交通运输业的快速发展，有能力和时间外出住宿的人越来越多，出差公干和因私出行、旅行的界线不再那么明确，人们对住宿的需求变得多种多样。这使得单纯追求"专一"的经营方式已经难以应对多元化的需求了。与住宿相关的经营，从以往通过标准化来减少支出，重点保障基本住宿的模式，转向注重"基本住宿"之外的内容来增加收入。比如，增加房间面积，加强室内设计和设备选型，嵌入舒适性（包括卧具的选择）、"愈悦"性等可以获得附加价值的设计创作。如今，住宿建筑发生了很大的变化，各具特色。住宿建筑（特别是商务住宿建筑）已从过去强调紧凑、高效的时代，过渡到注重放心、舒适的设计和建造的时代。追求紧凑、高效的设计概念立足于项目方，而放心、舒适的设计概念则是把中心放在住宿客上面。这也是技术进步、经济发展及社会变化的一个趋势。

6.1 追求"愈悦"的背景

技术进步、经济发展在促进生活质量发生变化的同时，也会破坏一些既有的社会环境。法国社会史学家菲利普·阿利埃斯曾对技术进步和经济发展所带来的负面影响阐述了他的真知灼见："难道读者会看不到在住处和工作场所之间，私人社交这片中间区域如今正在萎缩吗？难道会看不到建立在家庭内外，公共空间和私人空间之间差别之上的男女两性差正在迅速而惊人地消失吗？历史使我们清楚地看到，这一基础原来是根深蒂固的。难道会察觉不到在今天这个时代，迫切需要想方设法尽力保护个人的本质？因为在今天，技术的迅猛发展正在摧毁私人生活的最后屏障，同时，又在不断加强国家的控制手段。如果人们不对之加以防备的话，那它们很快就会使人沦为一个巨大、恐怖的数据库中的一个数字而已。"

由于过快的生活节奏、个人私密性不断遭到破坏、个人空间被过度地挤压等，越来越多的人产生了想要获取"愈悦"的愿望。

众所周知，生活不规律会对身体造成损害。不规律也可以被看作是一种"非日常"。"非日常"的状态会对身体、心理造成压力，引起身体或心理的疾病。但是，日复一日的日常性生活，也有可能造成压力。这是因为社会环境在不断地变化，不去接触、体验这种变化，是引起心理不健康的原因之一。所以，越来越多的人在公务、商

务之外前往外地旅行和住宿，目的是要改善内心和突破连续不断的日常节奏。这样的出行不仅包括看风景、走马观花式的旅游，也有特地去体验温泉，或是品尝当地才有的美食，以及拜访远方的友人等情况。这种谋求"非日常"的行为，引来了种种对"愈悦空间及环境"的探讨。但是，体验非日常的前提是要保证日常的功能，所以住宿空间的设计包含日常和非日常的内容，而用于营造"愈悦空间及环境"的高昂费用也会是"非日常"的一部分。

随着社会和经济的发展，建筑空间也会出现从追求数量（有无）过渡到注重质量（好坏）的阶段。判断有无的重要因素主要是功能的部分。这是因为在经济条件有限，社会共识还不够广泛的阶段，针对功能的讨论会占上风。而好坏包含的内容则更丰富。本书关注的是日本的住宿建筑中具有的一系列对人、社会有"愈悦"效果的设计理念、手法和实践。把"愈悦"效果融入建筑空间之中，实际上是对好坏的一种设计创新。

"愈悦空间"是本书的造词，吸收了英语"healing""amenities"和日语"癒し"的含义所得，意在表示生活中那种能让人感到愉快，有助于人们消减压力的空间和环境。"愈悦空间"及环境的设计，是对空间、形状、物品和色彩的综合性计划、设计，同时利用空间等在人的心理、生理和物理上的作用，有针对性地进行整体氛围的设计。因此，空间是否有"愈悦"的效果，应该与我们的感觉，尤其是促进人们身心健康的感觉联系在一起。建筑、城市环境应该是人们用五感来体验的对象。感觉会随着距离而变化，因此建筑、城市的空间尺度的变化所带来的结果，可分为远景、中景和近景。与此相对应，我们有必要从场所性、空间性与细节性这三个层次来思考建筑、城市的环境意义，通过体验地形、气候、风俗习惯等场所性中所包含的内容，以及材料的触感和嗅觉等细节性的特点，以人的五种感觉来感受随处存在却又仅在固定地点存在的建筑和城市。建筑空间的"愈悦"效果与距离（远、中、近）有关，即使场所同样处在自然之

中，建筑也可以采用离散或集中的方式，让人体验不同感觉的自然，找到自己的"非日常"感并从中获得"愈悦"。能否获得"愈悦"和人的五种感觉密切相关。光线和色彩会影响人的视觉，振动和抚摸会对触觉有作用，声音、气味和食物会分别对应人的听觉、嗅觉和味觉。认真对待这些要素及产生的影响可以让人获得"愈悦"，反之也可能损害人的健康。

6.2 感觉和"愈悦"效果

从对有关住院患者视觉的研究中，我们可以了解到一些对患者有"愈悦"效果的建筑、环境要素。例如，有一项针对住院患者的研究：一组患者可以从病房看到自然和红砖墙面建筑，另一组则看不到。结果表明，能看到自然和红砖墙面建筑的患者组中，短期住院患者的住院时间会缩短一天左右，护士日记中的负面评语会减少，使用的止疼药数量也会减少。由此可以知道，映入眼帘的景色所引起的视觉效果会带来非常不同的"愈悦"效果。

美国博物学家黛安娜·阿克曼曾介绍过一项关于触摸身体给人带来"愈悦"效果的研究。该研究是针对住院婴儿的调查，同为未发育成熟的婴儿，与只是放在保育器中的婴儿相比，一天接受三次，每次几分钟按摩的婴儿有 47% 迅速增加了体重。另外这些婴儿还呈现出神经系统成长快、有活力的征兆，平均提前一个星期出院。与这种触觉带来"愈悦"效果的例子相反，福冈大学建筑学系环境研究室关于日本人进家门后脱鞋，赤脚在房间内活动的生活习惯的研究表明，由于足底直接接触低温地面，冷的感觉会迅速蔓延到全身（图 15），年龄越大越会受到冷感的冲击，从而导致血压急速上升，增加患脑溢血的风险。

从这两个研究可以知道，触觉是如何影响我们的生命和生活质量的。可以在宽敞的空间里感受冬天的阳光、春天的微风，触摸柔软丝滑的织物和温暖的木材等建筑空间设计，都会刺激我们的触觉，产生"愈悦"的效果。反之，不能体验阳光、春风，触摸之处都是粗糙和冰冷的建筑空间，则会对人的身心带来一定的损伤。现代科学对人的感觉所进行的研究中，有些内容已经证明了与正负效果有关的现象，有的还没有明确的结论。但从以上有关对触觉的研究中，已经可以把握到一些具有正负效果的现象，这可以让"愈悦"环境的设计有据可循。和视觉现象不同，触觉效果直接作用于人的身体及中枢神经，其效果多是包含在建筑空间的细节当中。

对日本来讲，另外一个与触觉有关的大课题，是地震对人体触觉的复合性影响。由于日本的地质结构原因，地震频繁。地震会引发人的恐慌、不安，如何避免这种来自人体触觉抗体的副作用，也是建筑设计所面对的挑战。目前普遍采用的方法包括抗震、减震和免震三种，除了大型建筑物，中小规模的建筑物也在应用，而这些设计很多是从外观上看不见的。

将空间和味觉联系起来，也是获取"愈悦"的途径之一。味觉和空间是一种相互促进的关系。空间既可以营造出促进美味的体验，也可以通过美味来吸引人们聚集，从而提升空间的活力。日本有一种被称为"Auberge"的建筑，就是以特色美食为主题吸引人们前来吃住。也许是因为法餐有世界性，又是美食的代名词之一，所以为了能有联想式的效果，这类和美食有关又有住宿功能的建筑就选用法语"Auberge"来命名，并以日语片假名"オーベルジュ"来标注。"Auberge"多是指那些位于郊区或乡村，提供当地风味餐饮的高品质小型住宿建筑。日本将其外延扩大，特别是嵌入了美味这种感觉。这种

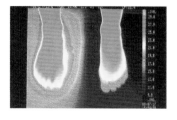

图15

类型的住宿建筑目前受到关注的原因也许是，日本社会的物质生活已从"有无"阶段过渡到了"好坏"阶段，并开始寻求高品质基础上的个性化生活。另外，"Auberge"还有几个特别的魅力：第一是"好的场地和环境"。建筑会选在自然环境好，远离或避开城市喧嚣的地方。在空气清新的环境中品尝食物，可以更好地感受到美味。第二是利用当地的食材进行"原创的烹饪"。顾客可以品尝到当地的新鲜蔬菜和特产的鱼、肉烹制出来的美食，熟知本地气候、风土的大厨创作的菜品也非常吸引人。第三是"从容的用餐时间"。在这里可以不用在意时间，从容地品尝佳肴，充分享受美食带来的喜悦。用餐后在宽敞舒适的房间里休息又别有情趣，喜欢美酒的客人，也不用担心酒后驾车的问题。第四是有"交流、闲聊的快乐"。"Auberge"的规模大多在 10 ~ 20 个房间，居家气氛是其魅力之一。在那里，不仅可以和同行的家庭成员或者朋友交谈，还可以在与厨师及服务人员的闲聊中了解关于饮食文化的知识和信息，提高对美味的鉴赏能力。最后是"注重健康，获得'愈悦'"。"Auberge"提供的食物，是有效地利用食材的特点进行加工、烹制的，所以大多数是对身体有益的菜品。对这些食物的加工和品尝，符合目前这个时代追求有机、自给自足、慢食、健康的生活方式，并可以从中受益，获得"愈悦"。

6.3 "愈悦空间"的设计及实例

就如同材料和植物能给空间营造出好的嗅觉氛围，音乐、风声这些人工或自然的声音又是听觉环境的源泉。因此，

是否在建筑空间中嵌入具有"愈悦"效果的硬件或软件，是能否获得"愈悦"环境的基本条件。换一个说法，就是巧用水、植物、音乐、材料和服务来营造"愈悦"环境，并且建构出空间或环境的性格。这个被塑造出来的建筑空间的性格可以是开放的、有活力的，也可以是强调个性的或沉着的，由此也可以形成主题性、故事性、地方性等空间的意象。

因此，我们可以得到一条设计"愈悦空间"及环境的硬件线索，即从五种感觉的角度考虑对人的"愈悦"起作用的环境要素，并嵌入那些实际能产生"愈悦"效果的物质，由此建构出其空间或环境的性格，同时也塑造出其空间的意象。另外，在重视目的空间的同时，也不能忽略接近这些目的空间的途径和过程。但要想让人们接触到这些有效果的"硬件"，需要有一种从重视目的转向重视过程的认识转变和相应的"软件"。其中的方式之一，也许就是针对不同性质的人或人群，策划一些"活动"，让人们参与进来，获得"愈悦"。（表 04）

在建筑空间的创意中，会有一些有引领方向的范例。从本书收录的实例中，能读到各种有示范意义的内容。下面的例子在某种意义上可以说是"民宿"这一住宿建筑的范例，因为它有不少地方可以供我们参考。

位于日本四国德岛县的桃源乡祖谷山中的茅顶屋项目是一个改建项目，因此在文脉上延续了当地建筑的建造文化，并提高了这些建筑物的资产价值。同时，也可以说

表 04 "愈悦空间"的构成

"愈悦"							
空间					活动		
环境要素	嵌入物质	空间性格	建筑意象	场所循环	个人	家庭	群体
声音、光线、温度、气味、品尝、震动、触摸	植物、水、火、颜色、音乐、材质	开放、安稳、沉着、私密、愉悦、眺望	故事性、主题性、地方性、传统性、非日常	接近场所、构筑气氛	多种选择、个人充电	纪念日	共同作业

这是项目策划者对现代建筑中存在的，"抽象空间成为统治"这一现象的批判性思考的具体体现。除住宿建筑的功能外，这个建筑中也有不少注重"愈悦"设计的匠心之处。

这个住宿建筑项目的策划者，是一个长居日本并大声呼吁日本要重新认识自己的文化，特别是景观文化的美国人阿列克斯·科尔。他的著作《犬与鬼》，曾在日本引起很大反响，给那些崇拜所谓的先进国文化并积极推动拆旧建新的群体提供了一个新的视角。这个项目是由 8 座

照片 01

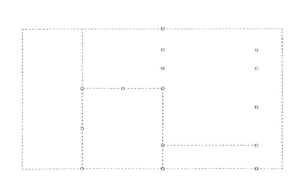

图 16　主空间复原平面图

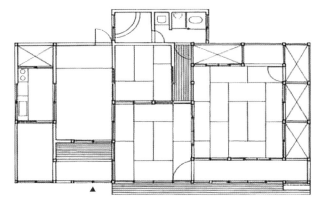

图 17　主空间平面图

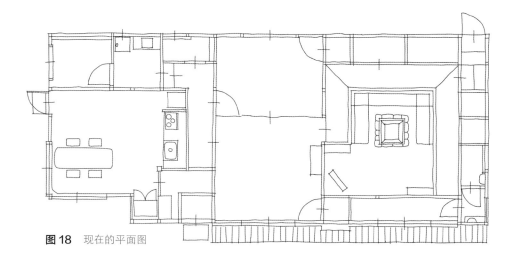

图 18　现在的平面图

零散分布在山坡上的住宿建筑构成的（照片01）。这些建筑原本都是古旧的农村住宅，在科尔的策划下，于2012年至2014年之间，被改建为住宿建筑。在改建中，除了设计好住宿建筑所必需的功能空间之外，也创造出了不少"愈悦空间"。比如，各个建筑物的名称分别是：晴耕、雨读、悠居、谈山、苍天、云外、浮生和天一方。每个

照片 02

照片 03

照片 04

名字的背后，都有一个故事，这些故事会因为其文学、历史和艺术的原因，为住宿者提供一种可获得"愈悦"的想象空间。例如，"天一方"就是来自中国的诗词，因对月亮的仰羡而产生了诗意。8座建筑分散在具有相当大坡度的山坡上，上下有近390米的高差。每两栋建筑之间，近的徒步5分钟可到，远的则需要走几十分钟。建筑的形式有独栋平房型、独栋夹层型和分栋型。小型的建筑可住4人，大的可住8人。"天一方"是规模居中的独栋平房。它的改建实际上只是保留了老建筑的主空间（主屋）的格局部分，其他的是全新的（图16、图17、图18）。这也是对木质结构的日本古建筑改建的一个重要方法。对这个建筑的空间体验或者对它的资产增值要点的评价，是在该地区的日本旧茅屋建筑保护区这样一个文脉框架下进行的。

"天一方"可住6人，可以从建筑和视觉、触觉、味觉等匠心之中，感受到"愈悦"。例如，品尝当地的味道。住宿者可以预订由当地家庭做的乡村套餐，并在约定的时间送到房间。因为配备有厨房及全套厨具和餐具，住宿者既可以自己动手烹调，也可以预约当地居民前来做有本地特色的晚餐。这种可日常也可非日常的选择，可以使住宿者感到"愈悦"。

因为建在坡地上（照片01中红色圆圈所在位置），建筑的前方没有任何遮挡，眼前的群山一览无余。卧室的前室大约有16平方米，在面向群山的方向设置了落地的玻璃推拉门，无论是坐卧在前室，还是躺在卧室中拉开与前室之间的障子（日式推拉隔断），都可以看到广角的群山风景。客厅也是整面的落地玻璃推拉门。从这些连续式的推拉门窗中是可以找到这个建筑过去的门窗构造的影子的，还可以从中获取一种联想（照片02）。客厅汲取了日本传统待客或家庭成员团聚的地炉空间的要素，采用下沉式的空间手法，使得这个空间更具有向心力，可以促进空间使用者之间的交流（照片03）。从这里可以看到和旁边的卧室前室不同角度的群山风景。

在视觉上最能给住宿者带来惊喜和"愈悦"的，是建筑的屋顶还原了这个地区使用了几百年的茅草顶形式，并把它强化了（照片04）。茅草屋的形态和状态不仅可以从外观看到，由于房间内没有吊顶，因此从室内也能感受到茅草屋顶的韵味。

建筑处于深山的坡面，又和其他住宅、住宿建筑具有一定的距离，这里没有城市里的噪声，可以听见昆虫的低吟。住宿者也不用顾虑自己大声交谈是否会影响到周围邻居。群山深处，空气清新，可以闻到树木的气味。"天一方"入口处有一棵高大的金桂，秋天会散发出沁人心脾的桂花香，是这个建筑入口的标志。空间中随手触摸到的，是那些不会引起温度突变的木制品、草制品和棉制品。

6.4 民宿项目设计的后期评价 (POE)

一个建筑是否能有持续性，和包括设计在内的很多因素有关。它的使用状态如何应该作为设计的一个内容——使用评价，即 POE。桃源乡祖谷山中茅顶屋民宿项目，从 2012 年第一栋"浮生"开业使用后，一直受到社会的多方关注。这个离铁路交通站要一小时以上汽车行程的深山里的民宿项目至今人气不减。项目没有什么特别的广告宣传，基本是靠使用者口头传播的状态。笔者也是听了"小道消息"才去的。从项目方回答笔者项目 POE 的一些内容中，可以了解到这个处在深山之中的旧房改建的民宿会获得如此评价的原因。

有关日本四国德岛县的桃源乡祖谷山中茅顶屋民宿项目的采访调查

笔者: 给这个项目定下的目标是什么？希望项目具有一些什么样的社会意义？例如，保存传统建筑文化，发挥当地的观光特点，充实服务，创造新的景观形象等。

项目方: 在社会意义上，这个项目的一个大目标就是，从观光入手，给当地带来活力。不是新建主题公园或者

纪念碑，而是重新整备原有的茅草屋顶村落，将其作为观光资源加以利用，以健全的方式促进当地的活力。

笔者: 这个项目的空间主题是什么？采用了哪些手法？

项目方: 空间主题是桃源乡。特别注意以自然的状态融入周围具有魅力的景观。在建筑内部，不使用荧光灯的青白色光源，而用行灯（方形纸罩座灯）从下往上照射暖色调的光，营造出神秘的氛围。另外，为了让客人最大限度地感受日式客厅和起居室的美，去掉了多余的拉门，带来开放感。考虑到与建筑物的协调，室内家具使用了很多旧的农具和民艺器物。

笔者: 创意中考虑、安排了一些什么样的有"愈悦"效果的空间、形态和物品？

项目方: 在改建时，为了增加结构上的强度，确保生活上的舒适度，在厨房、浴室、厕所等区域采用暖水和防寒对策，通信环境也引进了最新的设备和功能，营造出放松、舒适的居住空间。

笔者: 这是一个旧建筑的改建项目。哪些原有的建筑、空间或内装修的地方被保存、沿用了下来？为什么？

项目方: 除了沿用原来的梁柱以外，难以再利用的土墙、房顶的茅草部分采用了同样的素材和工法来完成。梁柱所使用的材料，如今已经很难再找到同样的来代替，而且它们具有日积月累所形成的独特的美。祖谷的老屋里有围炉，围炉上方被烟熏黑的梁柱就是无法替换的。

笔者: 你们是如何向外界推荐你们这个项目的？

项目方: 把"不方便""什么都没有"作为在日常生活中难以体会到的魅力之一来进行宣传。

笔者: 这个项目对本地区的文化和经济有些什么样的影响？最好能给出些具体的内容。

项目方：在祖谷地区，西祖谷原本是主要的观光区，为众人所知，但这个项目带动了更多的游客深入东祖谷。另外，房子的管理和运营都交由从城市移居过来的年轻人，这种方式给人口稀少的地区带来了活力。日常清扫以及为住宿客人提供饭菜（乡土料理）委托给附近的居民来做，也扩展了当地的收入来源。

CASE STUDIES
案例赏析

参考资料：

[1] 黛安娜·阿克曼.《感觉博物志》.东京：河出书房新社，1996.

[2] 东祖谷山村传统的建筑物群保护对策调查委员会.《传统的建筑物群保存对策调查报告》.东祖谷山村教育委员会，2003.

[3] 菲利普·阿利埃斯.《私人生活史I——古代人的私生活》.哈尔滨：北方文艺出版社，2007.

[4] 冈田光正.《建筑计划》.东京：鹿岛出版会，2003.

[5] 列斐伏尔.《空间的生产》.东京：青木书店，2000.

[6] 罗杰·S.乌尔里奇."从病房向外看可能会影响术后康复".《科学》，1984，224卷：420-421.

[7] 日本建筑学会.建筑设计资料集成（第3版）.东京：丸善出版社，2005.

[8] 日本建筑学会.《建筑设计集成"余暇·宿泊"》.东京：丸善出版社，2002.

[9] 须贝高.《日本风土与住环境建设》.空气循环健康研讨会，1993.

[10] 永宫和美.《紧凑&舒适酒店设计论》.东京：商店建筑社，2013.

[11] 彰国社.《建筑计划〈住宿设施〉》.东京：彰国社，1996.

[12] 赵翔.《日本当代住宅》.桂林：广西师范大学出版社，2018.

山崎旅馆

项目地点：福井，越前
建筑面积：552.97 平方米
完成时间：2007
建筑设计：Hironobu Furihata
（Furihata Architectural Design
Office）
摄影：Yasunao Hayashi
委托方：Yoshirou Yamazaki

房主希望将旅馆的钢筋混凝土构造改造成木制的，其原因有两个：一是在海风的侵蚀下，钢筋混凝土建筑的使用寿命只有 40 年；另一个是委托方希望打造一家治愈系的木制旅馆，为住客提供越前美食。

基于房主的诉求，设计团队拆除了北陆区域原有的私人房屋。施工规划与房主的理念完全一致。这栋建于 120 年前的私人房屋面积太大，无法用作普通房屋，却成为当地的特色建筑，为旅客提供临时的住宿设施。

这里以浩瀚海洋而闻名，因此，设计团队决定让建筑与恶劣的气候和谐共存。他们还回收利用了先前用过的家具设施和室内材料，以免改变这栋房屋的古老气息。此外，为了给整体空间营造一种宁静的感觉，设计团队在主体建筑内摆放了一个白色的壁橱，并在面向道路的房屋正面，筑起了围墙和新的旅馆大门。

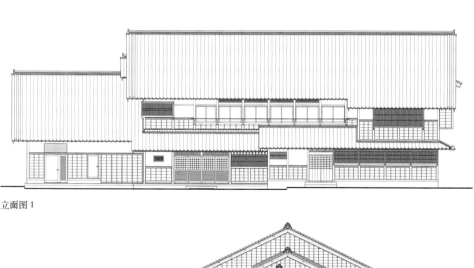

立面图 1

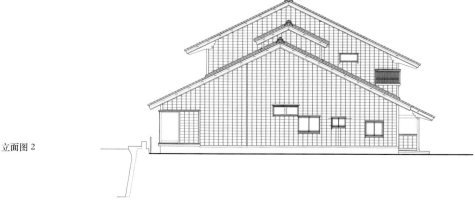

立面图 2

设计团队能够感觉到客人的满意度超出了他们的预期。房屋内部的旧木结构使住客惊叹不已，他们认为在传统建筑内可以使当地的海鲜菜肴品尝起来更加美味。毫无疑问，这家成熟的日式旅馆会加深住客对山崎旅馆的美好印象。

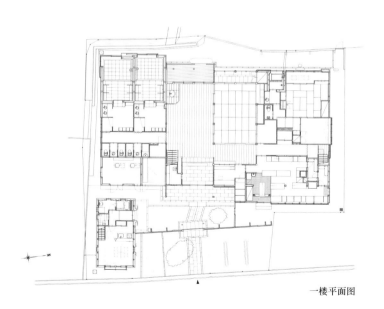

一楼平面图

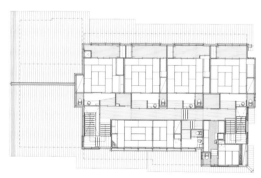

二楼平面图

04

05

剖面图 1

剖面图 2

井筒安旅馆

项目地点：京都
建筑面积：600 平方米
完成时间：2013
建筑设计：Ohno Atelier
Architectural Design Office
(Ohno Tsuruo)
摄影：Fukazawa Kyoko
委托方：Izutsu Yasujiro

这栋木制建筑是一家拥有一百多年历史的日式旅馆。设计团队建议打造一个新的住宿设施，既可满足当前的经营需要，又能适应新的空间使用形式。

客人的需求增加了，变得多样化和国际化，空间应用也变得灵活了许多。客房设计用到了日式传统美学，而且具备常用功能，最重要的是最大限度地重复使用废旧材料。设计团队采用流线型布局，以方便顾客进入翻新后的住宿区域，让这个充满历史感的旅馆逐渐呈现在眼前。

旅馆设施经过翻新，减少了房间数量，以便为客人提供更好的服务。在一个面积很大的房间内，设计团队改变了原有的房间布局，以便客人可以在卧室外享用美食，与朋友相聚。从旅馆内部可以看到街道上行人的活动，与城镇保持一定的关联。旅馆墙壁有 1.5 米高，右侧是一处用餐空间，图书馆和庭院位于左边。为了能够给少量的客人提供优质的服务，为客人营造一种空间上的距离感是必需的。

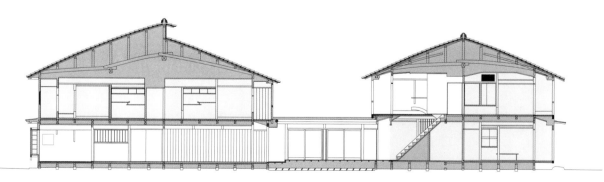

横向剖面图

05

1 入住登记区
2 私人空间
3 柜台座椅
4 庭院
5 客厅
6 客房
7 浴室
（日式）
8 门廊

一楼平面图

07

08

09

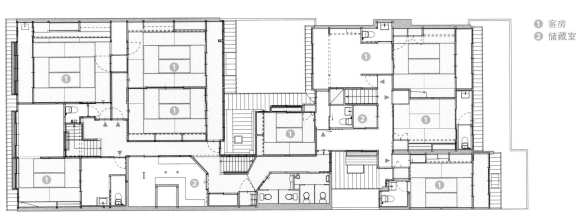

1 客房
2 储藏室

二楼平面图

竹野屋旅馆改造

项目地点：岛根，出云
建筑面积：1910 平方米
完成时间：2016
建筑设计：Hiromi Oga (GA
General Architecture lab.),
Ryoko Okada (SpaceClip)
摄影：Daijiro Okada (SpaceClip)
委托方：Ryokan Takenoya Inn

人们可以在京都旅馆及日本其他地区感受日本的传统文化，体验热情周到的日式服务。日式旅馆也是日本一种独特的文化形式，尤其是乡郊地区的旅馆，其数量也越来越多。

竹野屋旅馆坐落在岛根县出云市，拥有 140 年的历史，是一家久负盛名的旅馆。出云大社是日本一个可以求得好姻缘的神殿，旅馆就位于出云大社前门。竹野屋过去曾是一家接待出云大社敬拜者、学校郊游学生和婚礼嘉宾的传统旅馆，经历过一段艰难的时期，改造工程秉持将传统延续下去的理念，使得旅馆建筑的框架和记忆得以保留下来，人们可以在旅馆内看到神殿大门处的热闹景象。

传统建筑的传承、安全性和舒适性的保留不仅体现在形式上，还体现在建造方法上。当然，除了加固结构以提高抗震性能外，重新组装日本住宅常用的屋顶瓦片、石灰墙、木质家具和雪松木外墙等部分也非常有必要。传统日式建筑没有墙面，部分建筑会采用适合日式设计风格的抗震格架，以免破坏了用柱子和设备搭建起来的开阔空间。这种抗震格架采用的是日本传统的黏合技术，墙面布置均匀，使这里成为一处安全的空间。另外，竹野屋旅馆还安装了最新的节能型设备，以此减少住所的能源消耗。

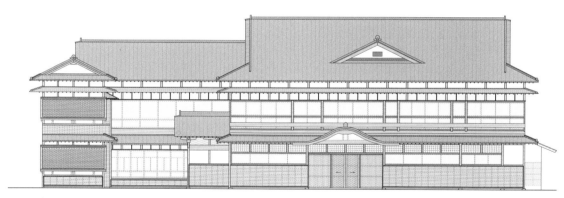

北侧立面图

西侧立面图   东侧立面图

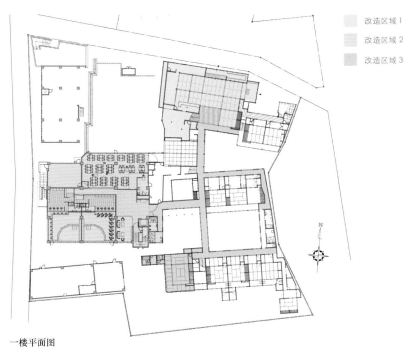

一楼平面图

改造区域 1
改造区域 2
改造区域 3

二楼平面图

06

07

京都格兰贝尔酒店

项目地点：京都
建筑面积：3359.51 平方米
完成时间：2017
建筑设计：UDS Ltd., The Range Design Inc. (Ryo Takarada, Naoto Suzuki)
摄影：Nacasa & Partners Inc.
委托方：Friend Stage Ltd.

京都格兰贝尔酒店是一处创新型住所，它将传统与前沿设计结合在一起，引发了一系列连锁反应。京都格兰贝尔酒店囊括了酒店的所有功能，并集日本传统技术和全球前沿思想、最新技术于一体。酒店希望给客人带来惊喜和舒适，其效果引发了超出预期的反应。客人可以在这里感受日式的传统与现代之美。

入口大厅设有吧台，吧台前面是一个有百年历史的横梁和表面覆有金箔的酒柜。前台铺有六边形瓷砖，这些瓷砖是工匠用传统瓷砖制作技术打造而成的，前台后面用几个随意堆放的箱子进行装饰。由当代和服设计师打造的和服面料也被用到酒店的躺椅上。这些元素不仅具有日本特色，而且通过设计赋予了空间清新、迷人的气息。

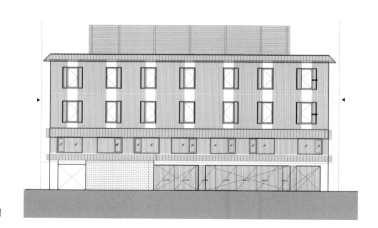

西侧立面图

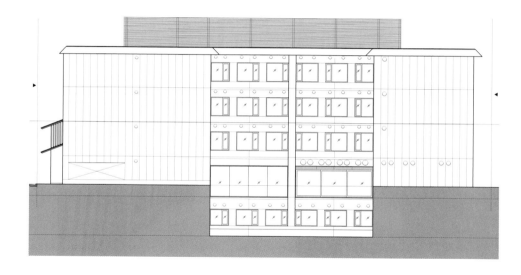

南侧立面图

地下室的公共浴池安装了由意大利物理学家保罗·迪·特拉帕尼 (Paolo di Trapani) 设计的照明设备——第一种模拟自然光线的照明设备,可以根据天色情况提供自然的照明效果。在白天,内部花园的光线照射到水面上,好似泛起阵阵涟漪;在夜晚,照明设备则直接投向水面,营造出一种超脱尘俗的氛围。

地下室客房均配有玻璃淋浴房,以此减少空间的局促感。下沉庭院更是衬托出客房的静谧环境。客人不仅可以享受舒适的住宿环境,还可以欣赏庭院景致。设计团队希望借助这里的设计为客人带来治愈的效果。

01

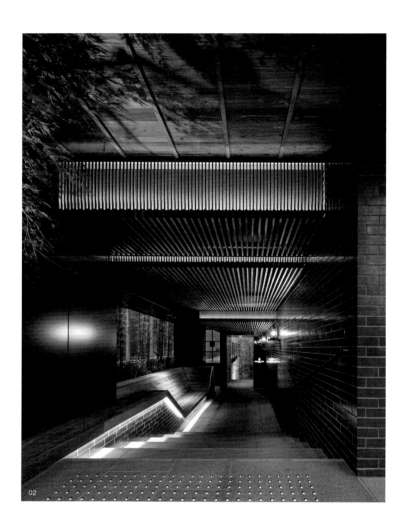

02

① 入口通道
② 办公区
③ 接待区
④ 库房
⑤ 停车场
⑥ 自动售货机
⑦ 厨房
⑧ 客房
⑨ 阳台
⑩ 大型公共浴池
⑪ 更衣室
⑫ 机房
⑬ 休息室
⑭ 酒吧
⑮ 餐厅

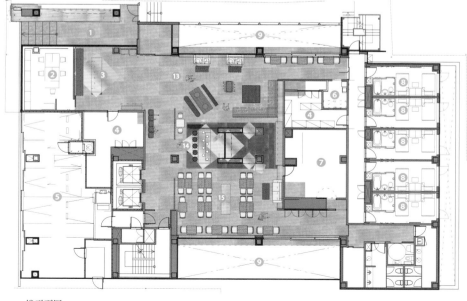

一楼 平面图

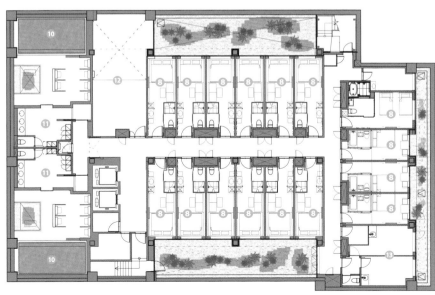

地下室平面图

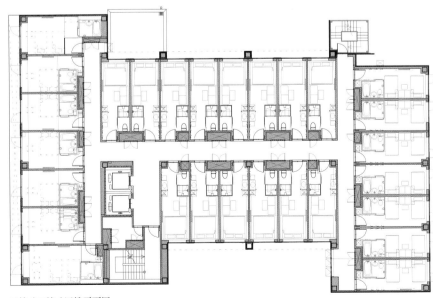

二楼 / 三楼 / 四楼平面图

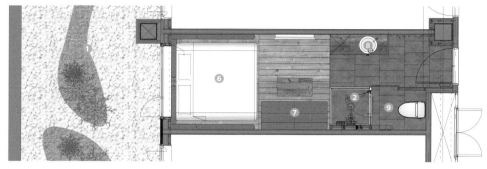

客房平面图

1 花园
2 淋浴室
3 浴室
4 天窗
5 庭院
6 床铺
7 沙发
8 洗手池
9 厕所

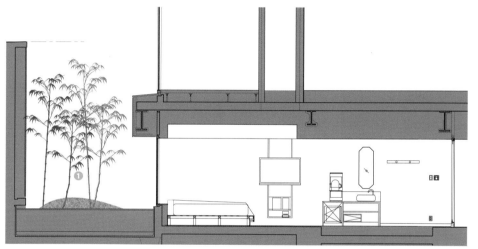

客房剖面图

地下公共浴池上方的天窗

纳米技术系统可以呈现出自然光照，以及太阳和天空的视觉效果

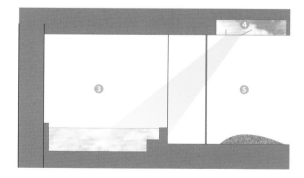

大型公共浴池剖面图

08 / 客房（摆放两张单人床的双人房）
09 / 客房（日式大床房）

08

09

五月旅馆

项目地点：熊本，玉名
建筑面积：7036.16 平方米
完成时间：2007
建筑设计：Kojiro Kitayama
摄影：K Architect & Associates, Hiroyuki Yoshinaga
委托方：Satsuki Bessou

从熊本县开车到玉名温泉要三十分钟，这里的温泉水清澈透明，深受周边地区居民的喜爱。五月旅馆的老板也是主厨，这里的温泉、庭院和餐食都很受客人喜爱。随着日本"温泉热"的降温，旅客人数有所下降，于是设计师们被委托重新装修这个旅馆项目。

幸运的是，南侧斜坡的庭院面积约占整体面积的 70%，利用这一点，设计师建造了另外一个客房。这个客房相当于一个独立建筑物，他们认为可以将它建造成一个与原有客房完全不同的风格，以吸引更多不同的客户群体。

庭院的面积大约 4000 平方米，整体是在一个斜面上，和现有的客房距离不算远。设计师利用高差建造了独立的空间。设计师采用"半独立式房屋"的形式，使每个客房里都有卧室、浴室和露台，所有房间都与外界直接连通。为了营造出一种在"庭院里的房间"的感觉，他们设计了两栋相互连通但彼此独立的建筑。每个建筑物通过设置特定的斜坡高差来保护客人的隐私，并在斜坡处加以装饰供客人欣赏。

在外部环境建设方面，设计师在客房的周围设置了小路和外廊，旨在让客人除享受舒适的客房之外，还能在小路上边散步边欣赏外面的风景。无论是室内还是室外，他们都想为客人提供一个能够脱离繁忙日常的悠闲安静的空间。

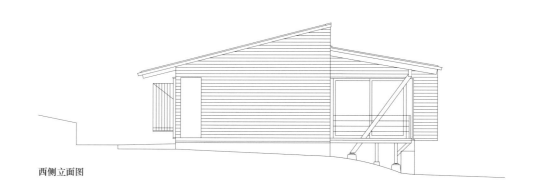

西侧立面图

北侧立面图

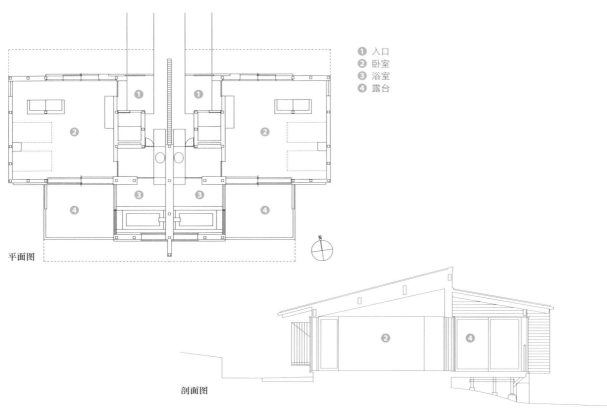

① 入口
② 卧室
③ 浴室
④ 露台

平面图

剖面图

河畔别墅

项目地点：京都
建筑面积：230 平方米
完成时间：2016
建筑设计：Atelier Boronski
摄影：Kei Sugino

该项目是一栋欧式运河住宅，坐落在道路与河流之间的小型场地上，主要用于租赁。这是一栋简单且坚固的房屋，便于人们居住。委托方游历甚广，住过的旅馆遍布世界各地，而且旅馆类型也各不相同，在与设计师经过几次商讨之后，最终选定了一个低调内敛的直线形结构。

别墅一楼为会客区，主卧设在二楼，客厅和餐厅设在三楼的开阔区域。客房内部的布置精致，墙面和镜面的设计与剪纸艺术相似。玻璃屋顶的出入口面向屋顶花园开放。别墅内的楼梯非常雅致，楼梯旁边的墙壁上满是连环画，使这片区域充满活力。

木门后是一处私家庭院，里面生长着多棵树苗和老树。防火木质墙面被漆上颜色，形成了雅致却低调的街道立面，与镀锌金属配件形成鲜明对比。

别墅内部充满阳刚之气，无须过多维护。别墅设计没有使用日本国内装饰品的标准构件。天花板采用裸露在外的钢模板，地板使用裸露的混凝土材料，楼梯和扶手为粗钢材质。浴室安装了玻璃，北立面（面向河流）为全玻璃结构。别墅主人热爱艺术，当地艺术家就直接将艺术作品绘制在墙面和窗户上。

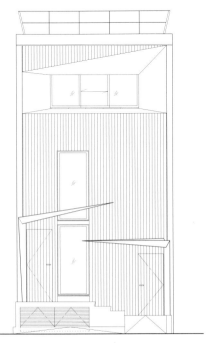

北侧立面图

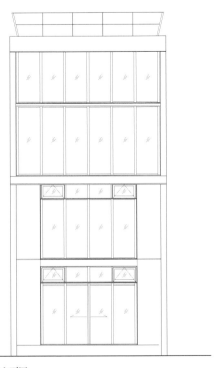

南侧立面图

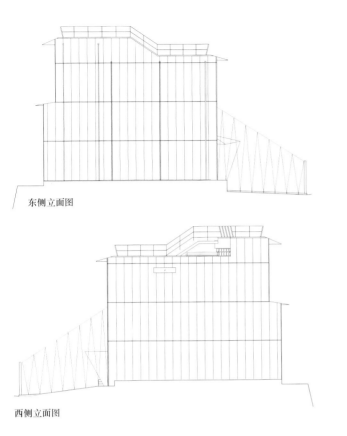

东侧立面图

西侧立面图

03

04

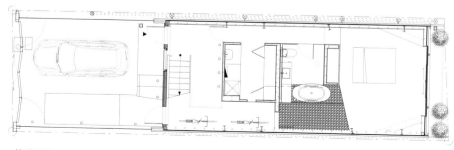

一楼平面图

05

二楼平面图

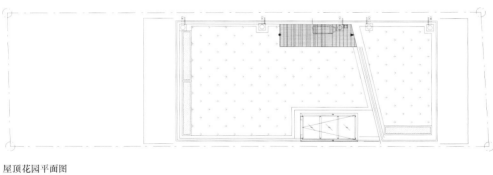

屋顶花园平面图

三楼平面图

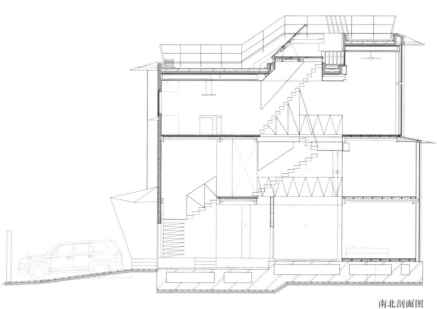

南北剖面图

东西剖面图

坐忘林

项目地点：北海道, 虻田郡
建筑面积：2854.49 平方米
完成时间：2015
建筑设计：Makoto Nakayama
(nA Nakayama Architects
Co.,Ltd.)
摄影：Ken Goshima
委托方：ZABORIN Co., Ltd.

"坐忘"，意指摆脱思想和欲望的束缚，安然静坐，忘却当下的处境。而坐忘林是一家藏匿于北海道深山林中的日式旅馆。

这家旅馆为天然树林所环绕，拥有 15 间客房，还有一池温泉。住客们可以在这里欣赏到羊蹄山和新雪谷的雪景。这里的雪是粉末雪，其雪景也与众不同。旅馆建筑与一年四季的景致和谐共存，每间客房都有自己的特色，并与走廊相连，具有一定的私密性。用一句话来描述这栋旅馆建筑，那就是建筑与自然交融。住客们可以从不同的客房看到不同的景色，尽情感受大自然的美好。

从空间上讲，这是一栋非常奢华的单层住房，每间客房都设有两个庭院。客房内的高低天花板形成很好的平衡。坐忘林没有采用京都传统的旅馆形式，因为传统的旅馆形式并不适合北海道的气候情况，而且会使空间设计显得微不足道，满是人为气息。设计团队运用了大量的日本当地的材料，以此营造京都氛围。他们认为坐忘林旅馆需要更多的日本精髓，传达"坐忘"的精神意味。

总平面图

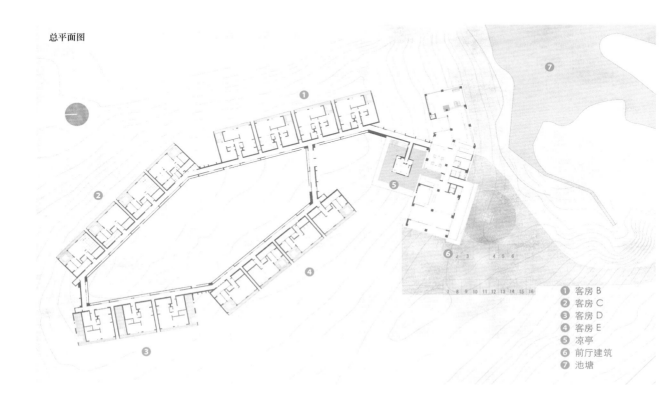

1 客房 B
2 客房 C
3 客房 D
4 客房 E
5 凉亭
6 前厅建筑
7 池塘

设计团队认为坐忘林旅馆内应该存在一些日本人已经忘却的东西，而这种东西是无法用语言描述的。他们希望摆脱思想的束缚，利用空间营造日本之美。此外，他们希望打造高水平的特色空间，让人们感受这里的活力，感受这个深邃、宁静的高雅世界。

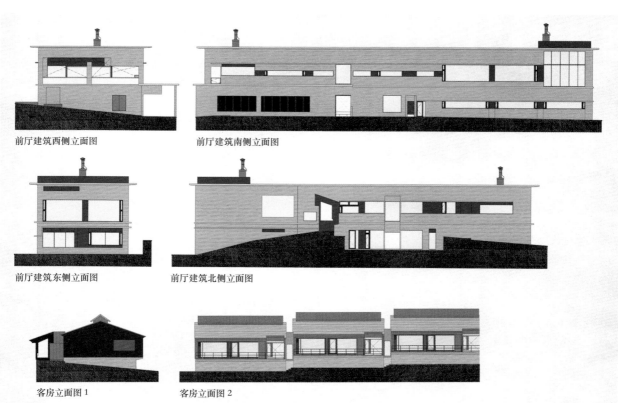

前厅建筑西侧立面图　　　　前厅建筑南侧立面图

前厅建筑东侧立面图　　　　前厅建筑北侧立面图

客房立面图 1　　　　客房立面图 2

① 住宿楼
② 凉亭
③ 前厅建筑
④ 池塘

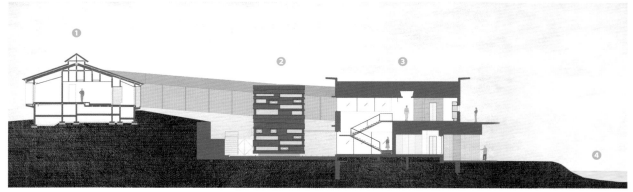

剖面图

08

09

卡其民宿

项目地点：东京
建筑面积：53.48 平方米
完成时间：2017
建筑设计：Endo Shojiro
(Endo Shojiro Design), Tada
Masaharu (td-Atelier)
摄影：Matsumura Kohei
委托方：Yi-An Chen, Lance
Xiao (Kageyasu Ltd.)

卡其民宿位于京都堀川二条。这栋传统的城市住宅建于 120 年前，曾经是一家染料店。从民宿建筑的外观，游客便能感受到其悠久的历史。

项目场地的狭长造型在京都很具有代表性。这个京都町屋由五个并列的区域组成，设计师拆分了其中两个区域，并留出空隙。这些空隙在垂直方向将其他空间联系起来。人们可以通过卫生间上方的过渡平台和桥梁进入二楼的客房。设计师希望保留建筑的古老韵味，并增加新的设计元素。入口有两幅抽象画：其中一幅的主题是京都的格状城市，另一幅的主题是二条城的松树。

这家民宿内设有庭院。建筑师将破败荒凉的花园打造成日式庭院，保留了花园内的部分石头。花园虽小，却给人以宽敞、明亮的感觉。在二楼的浴室内，人们可以一边沐浴，一边欣赏漂亮的花园景致。

① 入口和和室　　　⑥ 日式客房
② 大厅和走廊　　　⑦ 楼梯和桥
③ 客厅、餐厅、厨房　⑧ 屋顶花园
④ 庭院　　　　　　⑨ 客房
⑤ 洗手间和私人浴室

⑥　　⑦　　　⑥　　　　　　　⑧　　　　　⑨

①　　②　　　③　　　　　　　④　　　　　⑤

轴测图

每个房间都安装了滑门，这在传统的日式建筑中极为常见。设计师利用滑门划分和连接空间：拉上滑门，便形成了一个个独立的房间；拉开滑门，各个房间便成为一个整体，人们可以看到空白空间、原有空间和漂亮花园交叠在一起的状态。传统的日式建筑非常坚固，又十分精致。设计师希望在保留传统建筑形式的基础上，设计一栋新的建筑。

① 入口
② 和室 (Misenoma)
③ 厨房
④ 和室 (Zashiki)
⑤ 庭院
⑥ 和室
⑦ 和室 (Nakanoma)
⑧ 阳台
⑨ 备用房间

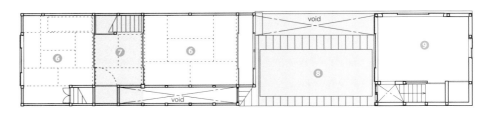

翻修前的二楼平面图

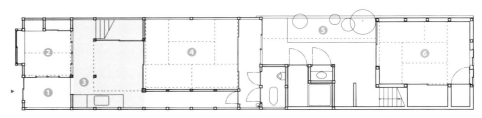

翻修前的一楼平面图

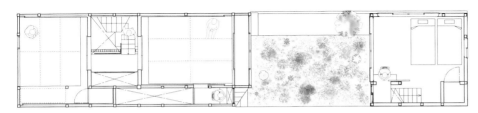

翻修后的二楼平面图

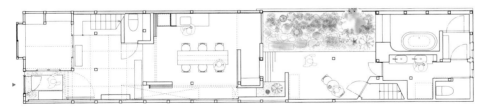

翻修后的一楼平面图

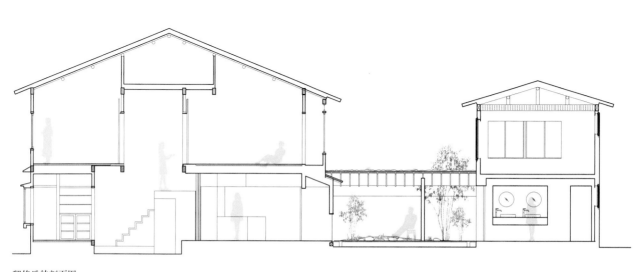

翻修后的剖面图

07

天之里山庄

项目地点：和歌山，葛城町
建筑面积：1271.16 平方米
完成时间：2013
建筑设计：Hirotani Yoshihiro,
Ishida Yusaku (Archivision
Hirotani Studio)
摄影：Kurumata Tamotsu

天之里山庄是一家度假酒店，坐落在和歌山县一个安静的小村庄里。酒店的名字来源于 Amano 村庄和被联合国教科文组织指定为世界文化遗产的 Niutsuhime 神社。酒店周围的自然环境非常优美，还有一些历经岁月洗礼，得以保留下来的景区。

酒店由入口大堂、餐厅、酒吧、六间客房和水疗区组成。除了常规的水疗设施外，业主还委托设计团队设计了三个水疗设施用来整体出租。与普通的温泉相比，这里的水疗区更注重住客的隐私，可以为举家出游或是与密友同行的住客提供更便捷、舒适、私密的住宿环境。整个酒店的设施为单层结构布局，分散在酒店各功能区内。每栋建筑之间还布置了绿色植物和水景设施，与酒店周围景致融为一体。设计团队打造了一个十分宽敞的空间，并使用了冷杉和橡木等价格不菲的天然材料，他们希望人们在这里可以忘记时间，真正地融入景观意境之中。

酒店拥有全新的设计及装修，但仍不可避免地会带有一些怀旧的色彩。酒店外立面使用了大量当地的木材镶板，这些木材镶板会随着时间的流逝而逐渐改变颜色，建筑师能够预想到它将逐渐与周围环境融为一体，最终成为日本的又一个新的旅游景点。设计团队用这种方法将陈旧的色彩元素融入新建筑，在住客享受新设施的舒适性和美观性的同时，为他们呈现一种历史感和复古风。

① 主体建筑　　④ 温泉浴场
② 客房　　　　⑤ 机房
③ 走廊　　　　⑥ 厕所

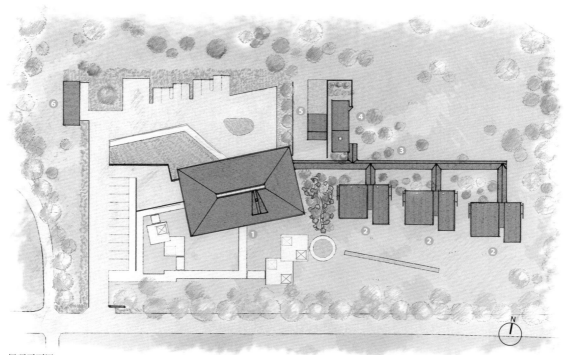

屋顶平面图

01 / 从露台东侧望向主体建筑
02 / 从露台西侧望向主体建筑

01

02

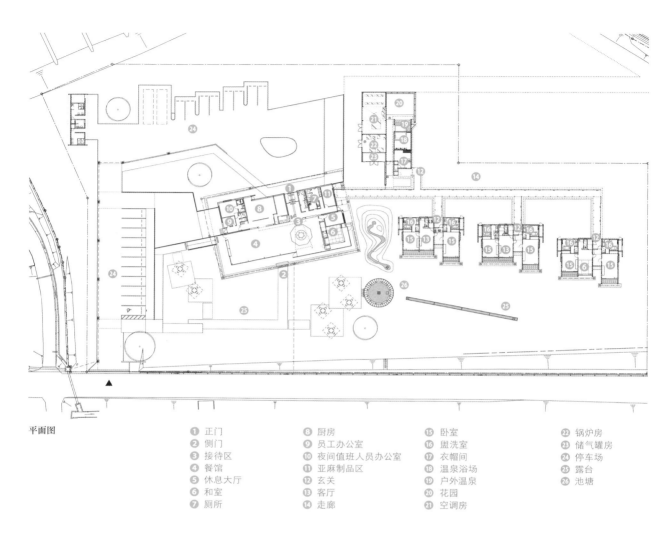

平面图

① 正门
② 侧门
③ 接待区
④ 餐馆
⑤ 休息大厅
⑥ 和室
⑦ 厕所

⑧ 厨房
⑨ 员工办公室
⑩ 夜间值班人员办公室
⑪ 亚麻制品区
⑫ 玄关
⑬ 客厅
⑭ 走廊

⑮ 卧室
⑯ 盥洗室
⑰ 衣帽间
⑱ 温泉浴场
⑲ 户外温泉
⑳ 花园
㉑ 空调房

㉒ 锅炉房
㉓ 储气罐房
㉔ 停车场
㉕ 露台
㉖ 池塘

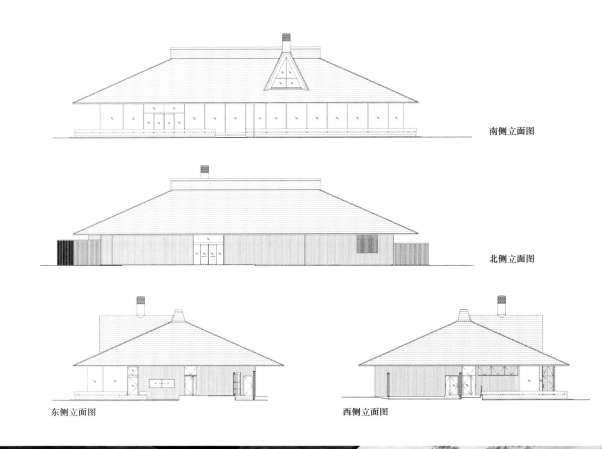

南侧立面图

北侧立面图

东侧立面图

西侧立面图

07 / 日式房间的南侧视野
08 / 温泉浴场的北侧视野
09 / 卧室和小屋的东侧视野

水色民宿

项目地点：小笠原群岛
建筑面积：164.76 平方米
完成时间：2011
建筑设计：Jun Ishikawa
摄影：Manabu Nomoto,
Jun Ishikawa
委托方：Naoki Baba

水色民宿坐落在太平洋的小笠原群岛上，距东京市中心 1000 公里。小笠原群岛由父岛、母岛、兄岛、嫁岛等组成，并于 2011 年注册为世界遗产。父岛是小笠原群岛中面积最大的岛屿，这家民宿便位于父岛之上。

这家民宿有两层，共有 5 个房间，其中一间为业主的房间。项目场地呈矩形（宽 9 米，进深 32 米）。这里距东京很远，因此，岛上专业的民宿并不多。建筑师选择了简单的施工方式，设计了一栋"人"字形屋顶的两层木屋。为住客准备的开放式餐厅、业主房间、住客浴室、洗衣房和客房均位于一层空间。

配设度假酒店那样宽敞的窗户颇为困难，因为民宿周围还有其他旅宿，所以，建筑师修建了小型内院，每间客房都有一扇面向内院敞开的大窗户，光线从窗户射入，使房间变得通透、明亮。另外，梳妆台、盥洗盆安装在卧室，而不是浴室内，使卧室看上去很像一个小厨房。

在日本，人们习惯脱掉鞋子进屋。所以建筑师设计了一个三角形空间，让住客在进入餐厅前脱掉鞋子。另外，这家民宿的一楼还有一种不同类型的房间，住客可以穿鞋进出。

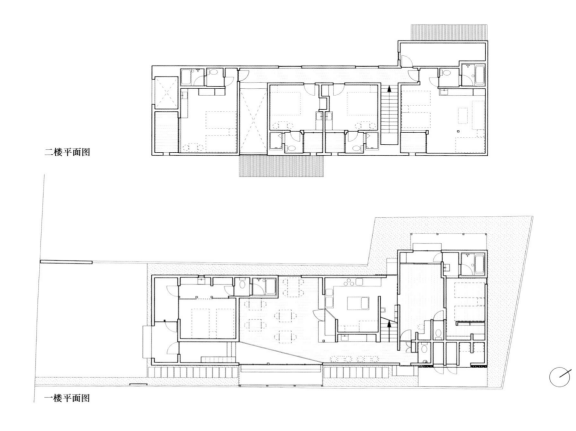

二楼 平面图

一楼 平面图

这个房间还有一个面向街道的入口。建筑外观有两个方形缺口，住客可以透过它们看到蓝色的墙面，而蓝色象征的是小笠原群岛周边的海域。

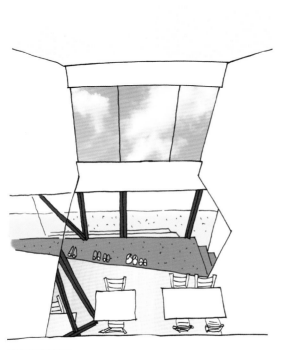

自助餐厅透视图 1

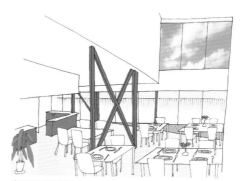

自助餐厅透视图 2

204 房间透视图

05

06

东京文化旅舍

项目地点：东京
建筑面积：244.31平方米
完成时间：2015
建筑设计：UDS Ltd. (interior design)
摄影：Shiori Kawamoto
委托方：Space Design, Inc.

设计团队利用色彩和材质来营造日本设计独有的舒适感，他们希望为住客提供舒适的住宿环境，包括小而舒适的双层床铺、与日式走廊相连的居酒屋，以及健康食品等，它们是"民宿文化"的根基。

东京文化旅舍并没有拘泥于那些接待外国游客的旅宿所选用的"日本特色"和"当代风格"，而是提供能够满足住客切实所需的住宿环境。"日本特色"本就存在，因此无须时刻提醒人们这是一家日本民宿。

民宿主人希望尽心招待到访旅客，明确当代的日本特色，因为对此类民宿来说，干净、整洁的住宿体验是最为重要的。建筑师选用的是日本制造的瓷砖，这种瓷砖不仅强度好、防污、防水，还在一定程度上体现了民宿对整洁度的要求。

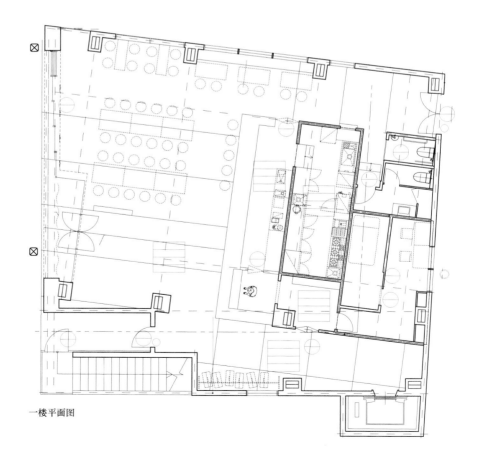

一楼平面图

建筑师用小方格做出"圆"这一图形标志。圆形代表了人与人之间的联系（即"缘"），看上去非常整齐的网格图案则象征着整洁、信任和安全感。另外，民宿设计中也用到了双层床铺和空间标志等格栅结构，为住客提供一个干净、舒适的住宿空间。这一圆形标志与地轴的倾斜角度相同，以此传达这家民宿热情欢迎世界各地旅客到访的初衷。

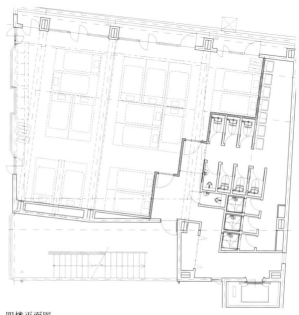

四楼平面图

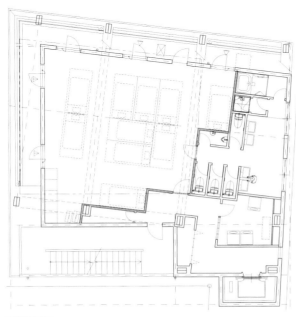

五楼平面图

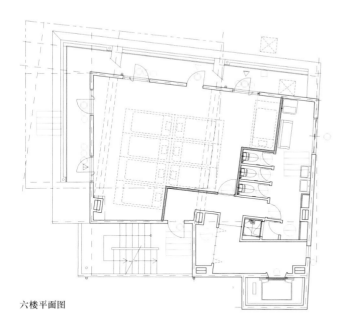

六楼平面图

七楼平面图

05

06

07

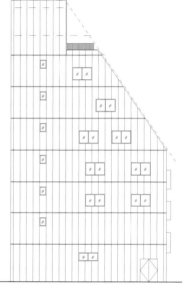

立面图 1

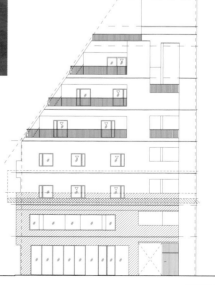

立面图 2

打仁日式旅馆

项目地点：京都
建筑面积：160 平方米
完成时间：2015
建筑设计：infix Inc.
摄影：Yasunori Shimomura
委托方：AJ InterBridge Inc.

这是一家拥有百年历史的日式旅馆，设计团队在原有建筑的基础上对旅馆进行整修，将其打造成一家概念旅馆。

这家日式旅馆由 11 间客房和一间咖啡厅组成，总共有 12 个房间，以一种独特的新方式向住客展示京都这一历史悠久的城市。旅馆内的每个房间都是以日本标志性的文化符号命名的。日本漫画如今已经成为一种深受人们喜欢的艺术形式，而茶碗则是茶道中常用的传统陶器。祭指的是热闹的日本祭典节日，在节日里，人们祈愿繁荣、祭祀神祇。相扑，日本传统的民族运动，是一种源于神道教神灵之娱乐形式的摔跤运动。忍者是神秘的地下雇佣兵，他们在武士阶级的统治下从事间谍和暗杀活动。日本武士是出色的军队领袖，他们珍视传统、荣誉和武士道精神。歌舞伎是日本最受欢迎的戏剧表演形式，演员清一色为男性，在剧中扮演奇幻历险和悲剧中的人物。茶道是一种精心编排的沏茶仪式，备茶时，茶艺师必须保持清晰的头脑和心智。盛极一时的日本象棋类似于国际象棋，棋手需要运用战术和策略夺取将军。和服是一种传统的服饰形式，常穿戴于特殊场合，是日本最具辨识度的符号之一。

二楼平面图

一楼平面图

这家升级改造后的日式旅馆更为现代、便捷，同时还保留了旅馆特有的传统气息。咖啡厅位于一楼。人们会首先被色泽鲜亮的红灯笼、描绘历史场景的大壁画和静谧的花园吸引，然后走进咖啡厅。

02

05 / 接待区
06 / 鞋柜
07 / 咖啡厅

江差旅馆

项目地点：北海道，江差町
建筑面积：950 平方米
完成时间：2009
建筑设计：Makoto Nakayama
(nA Nakayama Architects
Co.,Ltd.)
摄影：Ken Goshima, Makoto
Nakayama

"江差旅馆"是江差第一个温泉旅馆，建造在海边，在这里可以看到大海和海鸥岛。此处占地面积约 3800 平方米，是木造单层建筑。一共只有七间房，整体的密度和排列让人感觉非常舒适。建筑材料是石、土、木、铁和陶器，设计师坚持在当地采购这些建筑材料。他们将鹅卵石铺在整个建筑基地上，创造出的"海"的意象，使整个建筑物看起来好似一艘木船。这是一家设计小巧而精致的日式小型住宿设施，设计师们希望设计一个与城市的风景和历史融为一体的建筑。

设计师们的目的是：利用原材料建造一个不褪色的建筑；在建筑中融入城市的历史元素，让整个"木船"变成城市的风景；除了设计本身外，还要致力于生态保护、能源回收、能源节约和二氧化碳减排。来到这里的客人多是结伴而来的中年男女，因此每间客房里都设有温泉设施，在这里度过愉快而悠闲的一天能使他们忘记都市里的喧嚣。另外，从函馆站坐火车到这个日式旅馆要花费两个小时，这一路的摇摇晃晃对来此投宿的旅者来说也能产生一种别样的感受。

环保方面，他们觉得减少二氧化碳排放量并降低能量消耗是一个值得人们深入思考的问题。另外，如何利用这个旅馆带动区域的经济也是一项挑战。设计师们认为有必要在继承当地传统文化的同时创造新的建筑物，并且使该地区的特点在建筑中有所

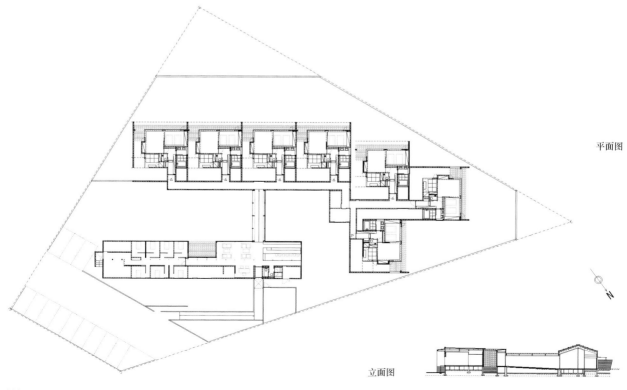

平面图

立面图

表达。关于能源，设计师们努力通过高气密性和高绝热性来减少二氧化碳的排放量，利用热能源的生态技术来实现建筑的环保。

设计方面，设计师们非常重视建筑材料本身的优点和质感，旨在建造一个能够历经岁月考验的作品。因为建筑的主体是客人，而非设计师，只有能够经过时间和人们考验的建筑才是好的建筑。

05

06

博多青年旅舍

项目地点：福冈
建筑面积：158.68 平方米
完成时间：2017
建筑设计：Seiichiro Tamura (tamtamDESIGN)
摄影：Yasuhiro Hagi
委托方：SPICE Co., Ltd.

这家旅馆位于 Minoshima 购物街上，是一家主要面向亚洲旅客开放的旅舍。这栋三层钢架结构的建筑曾是一栋住宅。建筑师改变了建筑的用途，将其打造成一家旅舍。旅舍一楼为接待区，二楼主要是客房。这家旅舍的主人曾是一个周游世界的背包旅行者，住过全球 100 多家旅馆。他将私人空间和共享空间划分出来，而且对舒适的分区规划十分挑剔。

旅舍内部用产自熊本县的竹灯罩进行装饰，这些竹灯罩是由照明设计师 Chikaken 在熊本县地震后，为灾后重建祈福而设计的。竹灯罩的点火孔是由旅舍主人和当地志愿者在工坊内手工制作的。旅舍二楼的客房均以日本九州岛各县的名字命名，每间客房还使用了不同颜色的地毯，以此代表九州岛各县。客房内的床铺是旅舍主人根据自己的住宿体验设计的。

旅舍内部由地毯、日本椴木胶合板、墙壁和天花板组成。设计师用银色的床帏来彰显高贵之感，而墙壁和天花板的颜色为白色。该设计强有力地表现了私人空间和共享空间两个场景的特色，为住客提供了舒适、安静的住宿环境。

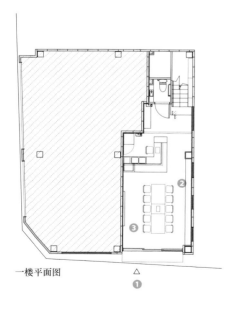

一楼平面图

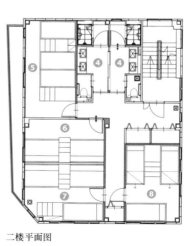

二楼平面图

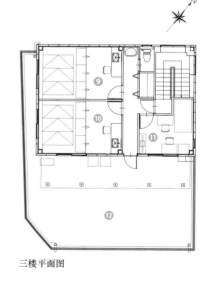

三楼平面图

1 建筑立面
2 吧台
3 入口处酒吧
4 更衣室
5 客房 A——熊本
6 客房 B——鹿儿岛
7 客房 C——长崎
8 客房 D——大分
9 办公室 1——宫崎
10 办公室 2——佐贺
11 库房——冲绳
12 露台

04

05

06

赤羽青年旅馆

项目地点：赤羽
建筑面积：78.85 平方米
完成时间：2015
建筑设计：Tomoro Aida
(Aida Atelier)
摄影：Tatsuya Noaki
委托方：The Boundary Inc.

这是一家位于东京赤羽当地一条购物街上的小旅馆。这栋历史悠久的五层钢筋混凝土建筑进行了多次改造。这里最初为综合性建筑，曾先后作为居住用房、美容院和办事处以及员工宿舍，后来空置了很多年。

这家旅馆的主人在这片街区环境中长大，她决定利用这栋由家人建造的房屋做一家自己的旅馆，使其成为城市街区小旅舍的典范。

由于这家旅馆建筑历史悠久，其间经历了多次改建，因此引人瞩目的旋转楼梯和入口大厅的枝形吊灯等设计元素融合了多种风格，让人有意想不到的惊喜感。这栋古老而迷人的建筑历经岁月的沉淀，正以另一种方式展现现代东京的飞速发展，而设计师们也习惯了这种展现方式。他们从减少现有展示元素入手，不断强调空间层次的多样性，将部分区域的混凝土结构裸露在外。设计师们只剥去了最外层的铺装表面，以便露出藏于其中的铺面。

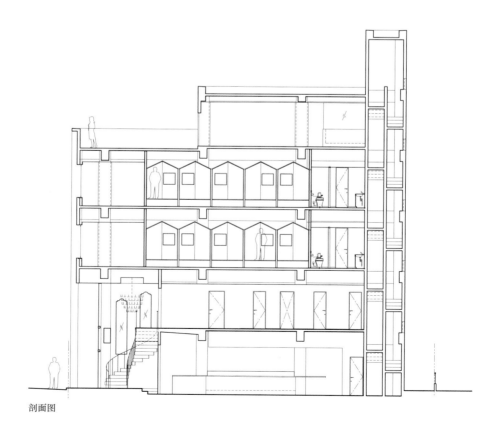

剖面图

设计师们试图有效地利用有限的空间，在建筑内部设置了多个巢状造型房间。这些房间的面积也是经过精心设计和考量的，以便为普通住客站立或躺卧提供足够的空间。住客可以在此张开双臂、放松身心，或是舒服地睡上一觉。这类小巧而时尚的房间可以满足世界各地年轻人的需要。

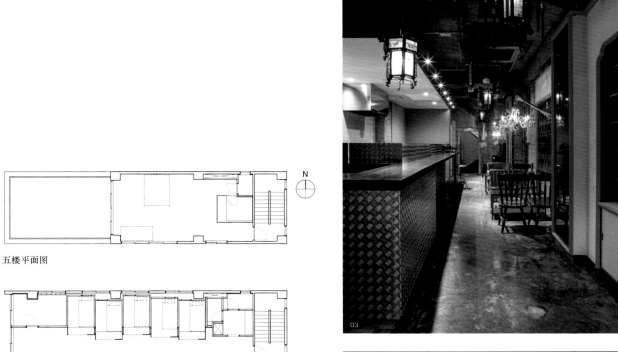

五楼平面图

四楼平面图

三楼平面图

二楼平面图

一楼平面图

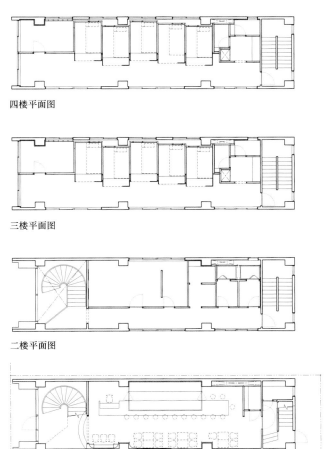

06 / 这些房间的面积是经过精心设计和考量的，以便为普通住客进行站立或躺卧提供足够的空间
07 / 双人间的内部设计非常有味道，以此展现这栋古老建筑的沧桑感

京都安迪鲁酒店

项目地点：京都
建筑面积：1387 平方米
完成时间：2016
建筑设计：UDS Ltd. (interior design)
摄影：Yoshiro Masuda, Toshiyuki Yano
委托方：Takamiya Gakuen

该项目创立于 2011 年 4 月，由 UDS 株式会社负责规划、设计和运营。项目由酒店和长期公寓式旅馆组成，并以艺术和文化为既定主题。很多设计元素都是以艺术为出发点进行展现的。这次翻新将之前用作学生宿舍的侧厅改造成酒店客房。新的设计融合了日本和谐美学概念，即"和"的概念，也代表着向酒店艺术与文化相结合这一主题迈进了一步。

酒店的扩建和翻新工程专注于传统文化，与京都的整体氛围相符合，是在"和"这一整体美学主题下展开的。设计师将当代艺术与现代视角下的日本设计传统结合在了一起。除了一楼的客房，还有新增的现代日式庭院花园房。房间的照明装置是用京都特色清水陶瓷洁具打造的，室内设计也融入了现代和谐美学的概念。

在对酒店进行扩建的过程中增设了一些房间，由八位最前沿的日本知名现代艺术设计师构思，并将它们打造成"概念房"。这些房间的整体空间将以独特的视角展现当下的世界，并为住客提供一种新的酒店住宿体验。

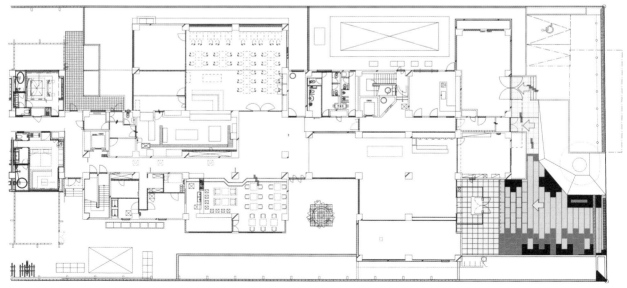

一楼平面图

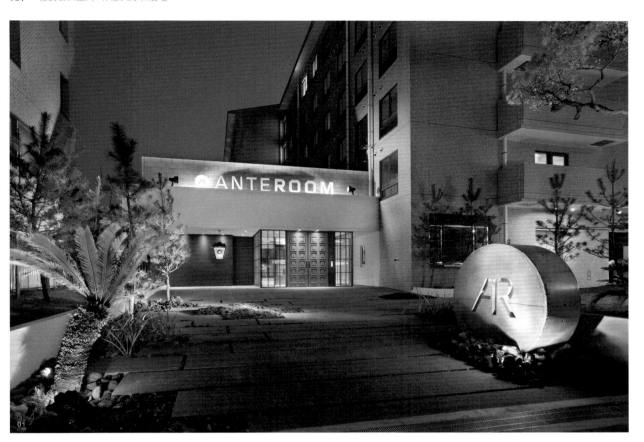

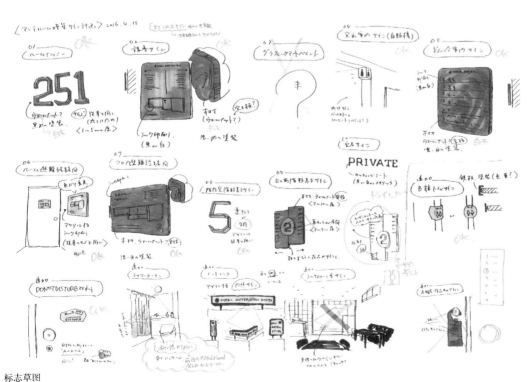

标志草图

三楼平面图

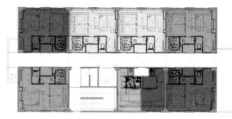

六楼平面图

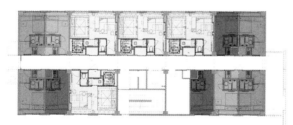

二楼平面图

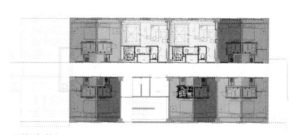

五楼平面图

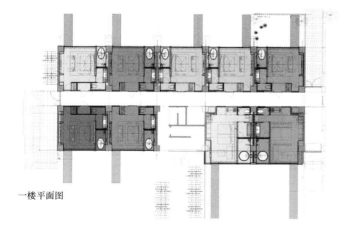

一楼平面图

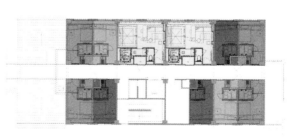

四楼平面图

帕特旅馆

项目地点：小笠原群岛
建筑面积：625.32 平方米
完成时间：2015
建筑设计：Kichi Architectural Design
摄影：Ippei Shinzawa
委托方：SEBO Ltd.

帕特旅馆位于日本南部太平洋小笠原群岛中的父岛上。这里距离东京 1000 公里，属于亚热带气候，四季温暖如春。小笠原群岛是一个不与陆地相连的海岛。正因为如此，岛上有很多其他地方没有的动植物。

小笠原群岛从 1830 年开始有来自夏威夷的居民居住，而旅馆就位于第一批居住者当时的居住点。旅馆主人希望住客在此体验小笠原群岛的美食、历史、文化，还有世代居住于此地的家族的历史。因此，旅馆的外观设计非常简洁，好像一张空白的画布，映衬着周围的自然环境。旅馆的内部设计也相当简洁，以白色为基调，结合砂浆以及其他基础材料，营造出群岛悠闲自然的氛围。

旅馆共两栋楼，一栋用作酒店，内设 13 个房间，包括单人房、双人房和日式客房。一楼的公共餐厅可以为住客提供小笠原群岛当地的美食。接待处的阅览区保存了很多介绍小笠原群岛历史的图书，客房前面的长廊还可用作展廊。旅舍主人及其家人和旅舍工作人员住在另外一栋建筑中。

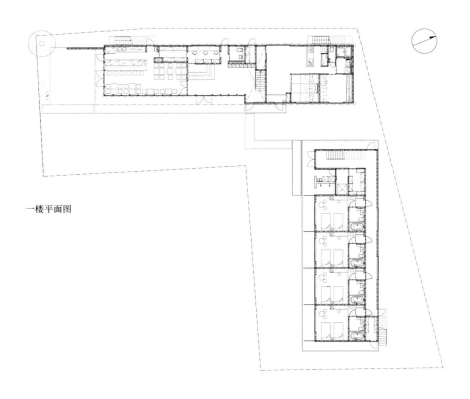

一楼平面图

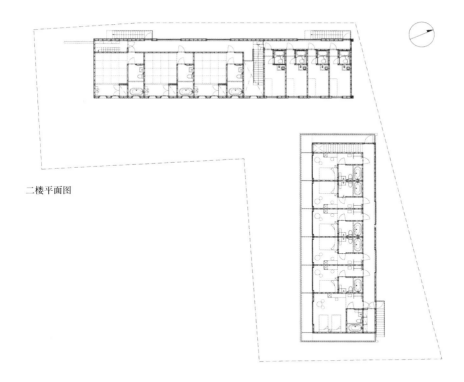

二楼平面图

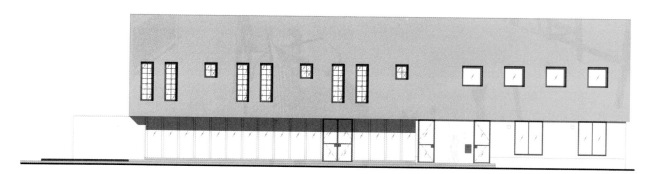

A 栋立面图 1

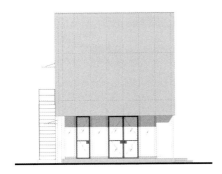

A 栋立面图 2

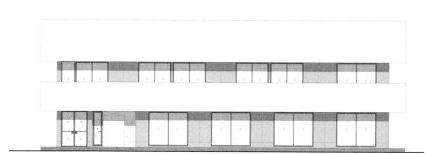

B 栋立面图 1

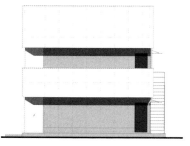

B 栋立面图 2

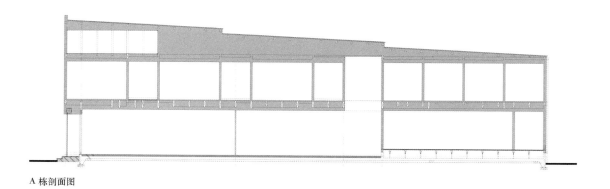

A 栋剖面图

彦三町酒店

项目地点：金泽
建筑面积：金之间 / 99 平方米，
银之间 / 85 平方米
完成时间：2016
建筑设计：infix Inc.
摄影：Yasunori Shimomura
委托方：AJ InterBridge Inc.

"町屋"坐落在石川金泽景观保护区内的彦三町。"町屋"指的是日本旧时的商人和工匠居住的房子，经过翻新改造后，变成了一家宾馆。其设计理念是展现以金、银为代表的金泽工业美术箔，并分别以"金之间"和"银之间"命名。

"金之间"的设计灵感来源于精致的金箔工艺和秋天树叶的鲜艳色彩，这栋传统房屋的外观经过精心设计，力求重新构建一个只能在金泽体验到的町屋。客厅和餐厅这处开阔的空间利用了原有的木质结构，从一楼一直延伸到楼顶，以此将建筑设计和用红色及金色箔纸手工制作的纸灯笼展现给客人。花园里，各种各样的日本枫树装点着花园。人们坐在阳台的座椅或是沙发座椅上休息的同时，还能欣赏到漂亮的花园景致。

"银之间"这栋町屋将鲜明的"金泽蓝"和银箔结合在一起，并从海滨度假区宁静而多雪的冬季景色中汲取灵感。餐厅的地板为核桃木材质，以此营造温馨的用餐环境。滑门采用了设计独特的黑色和瀑布般的亮银色。一楼日式房间的整面墙均覆上了金泽银箔，其上的两条金鱼优雅地"游"过，成为墙面的亮点。小桌子和靠垫座椅也可为客人带来舒适的感受。

金之间二楼平面图

金之间一楼平面图

银之间二楼 平面图

银之间一楼 平面图

木屋旅馆

项目地点：爱媛
建筑面积：559 平方米
完成时间：2012
建筑设计：Yuko Nagayama & Associates
摄影：Nobutada Omote
委托方：Kisaiya Uwajima L.L.C.

木屋旅馆是一家创建于 1911 年的旧式旅馆，位于日本爱媛县宇和岛市，设计团队对其进行了改造。

在接手这个项目的时候，设计团队发现，这里具有旧式旅馆特有的，在漫长岁月中积淀下来的故事属性。于是，设计团队并没有在这里重新建造或者补充什么，而是在现有建筑中挖掘既存故事的崭新一面，而这也正是新木屋旅馆的价值所在。因此，他们在原先的水平空间内增加了垂直方向上的空间层次。

在二层地面上，他们用透明亚克力地板替换了原先的榻榻米，然后打通上方的天花板，露出原来的屋顶骨架。这样一来，这个旧式旅馆的剖面最高处便可达到 7.5 米，也为人们提供了全新的视角：白天会有来自二层的光线通过这个中庭射入一层。设计团队还保留了浴室中的一条旧瓷砖，但将其余的全都涂成了黑色。这种小心翼翼地从已经存在的事物中抽取一部分信息的做法，营造了与众不同的视觉效果。

设计团队恢复了木屋旅馆昔日的模样，初看之下，它似乎就是一家普通的旧式旅馆，但到了晚上，立面光线透过障子，忽明忽暗。木屋旅馆以城市景观为背景，不断变化着自己的表情，其外观本身就是宇和岛市的一道亮丽的风景。

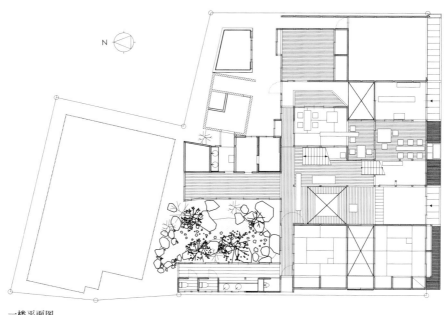

一楼平面图

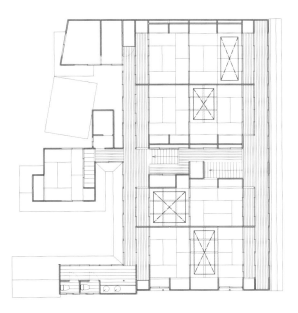

二楼平面图

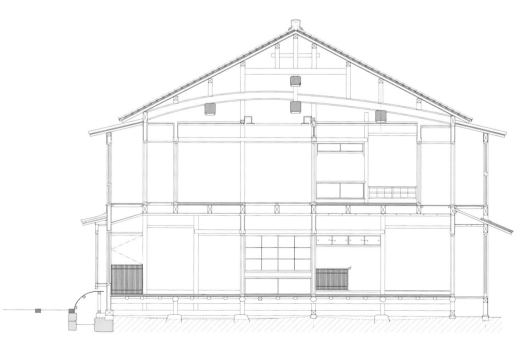

剖面图

04

神乐坂旅宿

项目地点：东京
建筑面积：202.65 平方米
完成时间：2016
建筑设计：Tomoro Aida
(Aida Atelier)
摄影：Tatsuya Noaki
委托方：FIKA, Inc.

神乐坂旅宿位于东京市中心，主要接待不同国家的背包客和国内的商务出行人员。旅宿中设有 78 个上下铺位、三间客房、一个开放的大堂及其他辅助设施。委托方希望打造一家能够让客人放松身心的旅宿。

旅宿唯一的承租人希望将家具元素植入这栋外表平庸的三层建筑中，使其看上去不那么无聊。因此，设计团队为客房设置了方形的双层床铺，并使其成为旅宿的标志性符号，街道上的行人可以透过巨大的开窗看到这些家具设施。

这些双层床铺的规格虽小，却可以充分满足旅客对舒适和私密性的需求。在整个房间中，旅客可以享受自然光照并欣赏窗外的景色；而在每个单元中，旅客可以拉上窗帘，获得一片属于自己的私密天地。另外，每张床铺的床头都设有保险箱、提供直接照明和背景光的灯具以及电源插口。

大堂中央的立柱成为旅宿的引导标志，一张巨大的桌子围绕立柱而设。这张桌子既是酒店的前台，也是服务台，人们还可以把它当作咖啡桌使用。它取代了传统的前台，消除了旅宿工作人员和旅客之间的界限，旅客可以像在家一样轻松自在地交流。

正如"旅宿"所表达的含义一样，旅客可以融入当地社会，在这里邂逅不一样的人和风景。喜欢到日本旅游并且珍视人生邂逅的人们定会爱上这家旅宿。

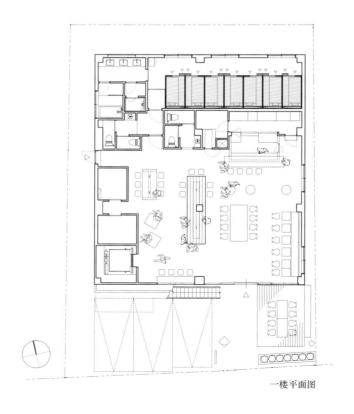

一楼平面图

03

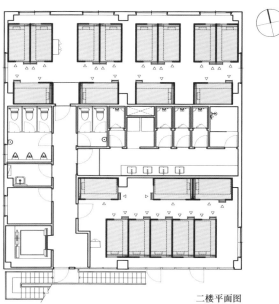

二楼平面图

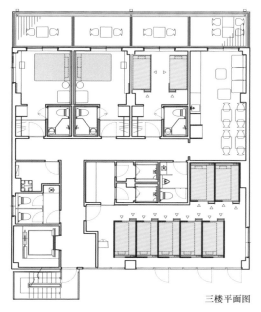

三楼平面图

04 / 木制双层床铺是神乐坂旅宿的一大特色
05 / 这些双层床铺面向街道，在这里可以看到窗外景致并获得自然光照

09

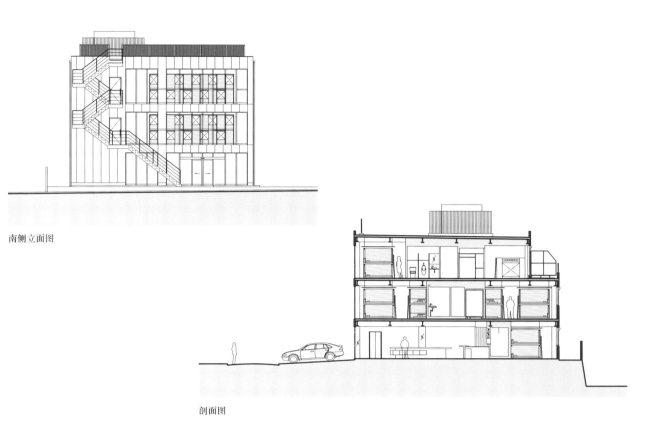

南侧立面图

剖面图

私人度假酒店

项目地点：冲绳，宫古岛
建筑面积：313 平方米
完成时间：2007
建筑设计：Yasunori Kadoguchi (Atelier Kadoguchi)
摄影：Satoshi Kobashigawa
委托方：Private Resort Hotel Renn

这栋建筑坐落在一个斜坡上，可以俯瞰到中国东海的壮丽景色和宫古岛（冲绳县先岛群岛中的一个岛屿）的海岸线。项目场地占地 2314 平方米，线性规划方案将这里划分成两部分：公寓建筑和住宅建筑。建筑周围是一个 20 厘米深的莲花池，业主最喜欢的莲花在这里争相绽放。

花园的长廊引导客人抵达公寓建筑。所有完成入住手续的客人都可以从自己的房间欣赏到中国东海的美景。这里的氛围就好像树林、莲花池和大海之间展开的一场对话。旖旎风光使客人在旅途中倍感惬意、舒适。

作为住宅建筑的配套设施，木制凉亭将公寓建筑和住宅建筑联系起来。公寓建筑一楼设有前台、餐厅和厨房，二楼设有三间客房。客房由七根倾斜角度各异的钢柱支撑，好似一个悬于空中的盒子。客人可以透过东南面的大开窗看到海天相接的壮丽景色。

① 车辆通道　　⑦ 莲花池
② 鲜花步道　　⑧ 房间 1
③ 入口　　　　⑨ 主卧
④ 餐厅　　　　⑩ 步入式衣橱
⑤ 厨房　　　　⑪ 厕所和浴室
⑥ 办公室

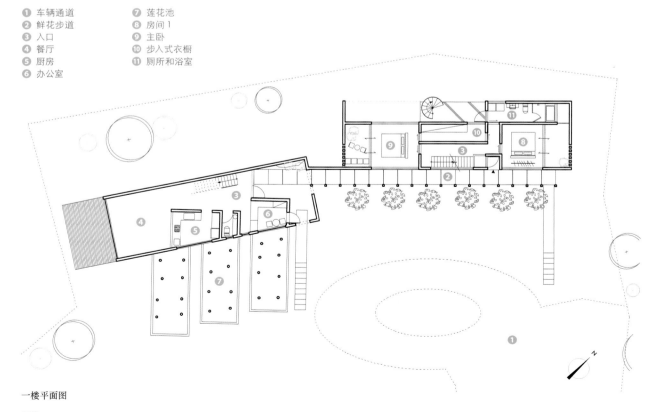

一楼平面图

设计团队希望打造一栋可以宣传自己的建筑，因此，他们选用了醒目、具有象征意义的混凝土结构，并用从莲花池中伸出的钢制结构进行支撑。用七根钢柱进行支撑的客房是建筑中最舒适的空间。除此之外，它还是一个可以让人们立即从场地环境中辨识出来的地标。

三间客房彼此分离，客人可以在客房内一览美景，在享受空间的开阔、舒适感的同时，又不必担心隐私问题。项目场地也因此可以最大限度地发挥其景观潜力，充分利用周围的美景。

01

① 客房
② 客厅
③ 餐厅
④ 厨房
⑤ 房间 2

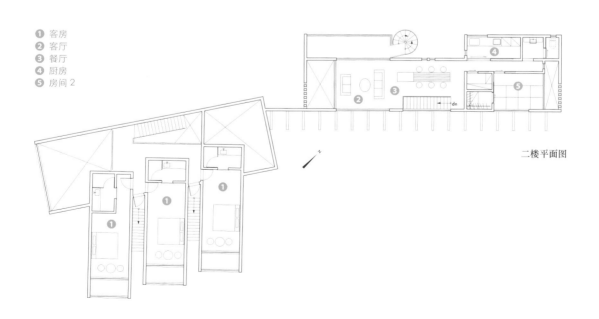

二楼 平面图

06

三条旅舍

项目地点：京都
建筑面积：1925.16 平方米
完成时间：2015
建筑设计：Kousuke Okuda, Tatsuya Horii (OHArchitecture)
创意设计：Tadashi Kato, Yutaka Hirose (Highspot Design)
摄影：Satoshi Shigeta, Toshiyuki Yano
委托方：Nobuyuki Tabata (TAT)

三条旅舍是一个与城市结合的住宿设施。它并不是一栋新建筑，而是在翻修后重获新生的建筑。这栋建筑过去曾是一家普通的日式旅舍，就是那种人们可以想象得到的京都传统旅舍。旅舍建筑好像与城市隔绝开来，特别是建筑前方的开阔场地，给人一种荒凉之感。

三条旅舍经过重新设计，客房面积相对较小，其原因是建筑师希望他们的客人，无论是国内的还是国外的，都能走出他们的房间，尽情地探索京都这座城市。

普通旅舍和酒店的建筑往往与外在环境有着明显的界限，散发出独特的气息，而且在设计上也不太重视周围的环境。设计团队决定稍微改变一下建筑与环境之间的界限。他们重新定义了"旅舍与城市"及"客房与城市"之间的界限。在那一刻，城市的构成要素蔓延至旅舍的每一个角落，建立起旅舍与城市之间的联系。

在京都这样一个满是传统美景的城市里，设计师们为客人营造了一个小巧、舒适的家。旅舍建筑内部的设计与外面的街道融为一体，看上去好像道路延伸到了旅舍内。

设计团队相信在三条旅舍这个理想的聚会场所里，人们所获得的体验定会让旅行成为难忘的回忆，而这种体验也将成为他们愉快旅程的一部分。

❶ 入口
❷ 阳台
❸ 休息室
❹ 接待区
❺ 信息室
❻ 餐厅

一楼平面图

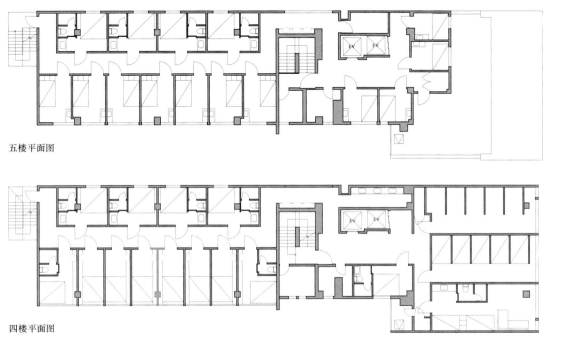

五楼平面图

四楼平面图

琵琶湖旅馆

项目地点：滋贺, 守山
建筑面积：1348.82 平方米
完成时间：2013
建筑设计：Ryuichi Ashizawa Architects & associates
摄影：Kaori Ichikawa
委托方：Hotel Setre

该项目位于日本最大的湖泊——琵琶湖湖畔。项目的设计目标是恢复项目场地内已被飞速发展的经济毁掉的生态交错带（两种不同的植物群落之间的植物过渡带，在该项目中为水陆过渡带），同时利用项目场地的潜在优势，使建筑与环境融为一体。

初期设计是使建筑成为生态交错带的一部分，同时建筑师还希望强化住客与自然之间的联系，因此提出建造一栋关注环境与社会的建筑。项目施工选用了当地的土壤材料和技术，还雇用了一些工匠。另外，项目完工后的数年里，场地的维修管理工作仍由相关部门负责，包括当地社区。

被动式设计方案充分利用了气候条件方面的潜能。绿色屋顶变成了周围自然植被茁壮成长的平台。从屋顶收集来的雨水通过群落生境汇入池塘，使水体得到净化，为项

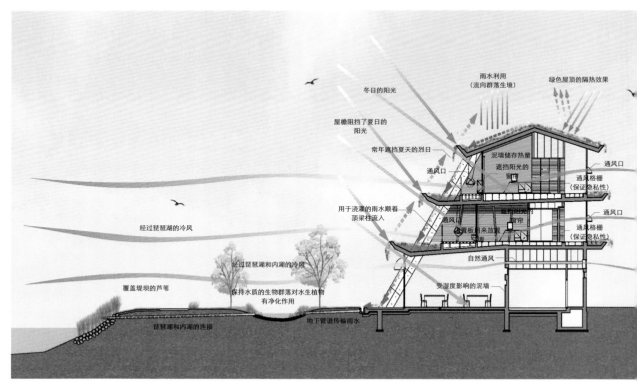

旅馆环境图

目场地内的水生生物提供良好的生存环境。收集来的雨水蒸发后还能解决建筑散热的问题。

在环保效能和生态影响方面，当地土壤材料和技术具备很多优势。结构和土墙使冷却负荷减少了 70%，当室外温度范围在 18 至 28 摄氏度时，便没必要使用空调设施。冬天时，土墙蓄积的热量在夜间可以使房间变得温暖。

旅馆旁边的小教堂被设计成一种类似于风弦琴的弦乐器形状，湖面微风拂过时，它便会奏响美妙的乐曲。在这里，人们可以尽情地欣赏大自然的各种美。

02

① 外墙
② 屋顶植被
③ 灰泥墙
④ 土墙
⑤ 大津壁
⑥ 石灰墙
⑦ 泥地面

当地材料和施工方式的使用

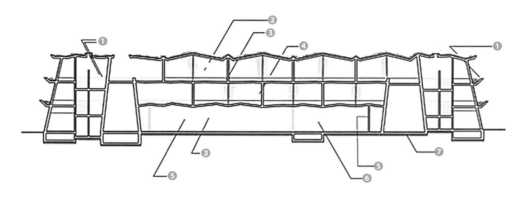

分解结构图

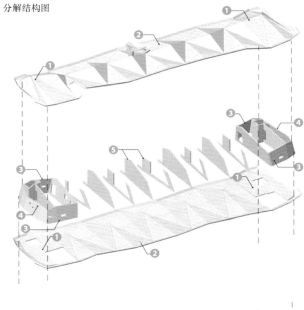

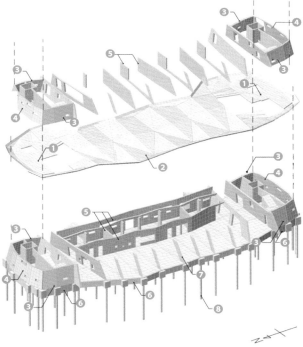

03

❶ 空心板
❷ 墙面板
❸ 短边方向隔心墙
❹ 长边方向隔心墙
❺ 墙体
❻ 地梁
❼ 偏斜的柱子
❽ 现成的混凝土桩

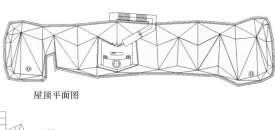

屋顶平面图

三楼平面图

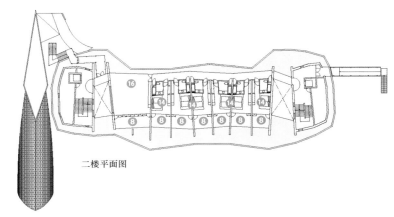

二楼平面图

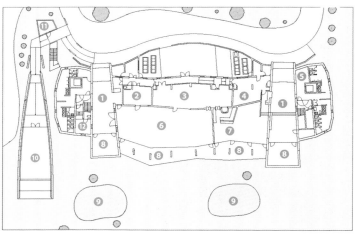

一楼平面图

1 大厅	**9** 群落生境
2 员工办公室	**10** 小教堂
3 厨房	**11** 休息室
4 办公室	**12** 婚礼用房
5 走廊	**13** 图书室
6 宴会厅	**14** 客房
7 餐馆	**15** 剧场
8 露台	**16** 俱乐部休息室

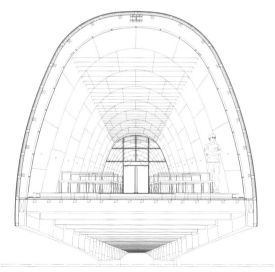

小教堂剖面图

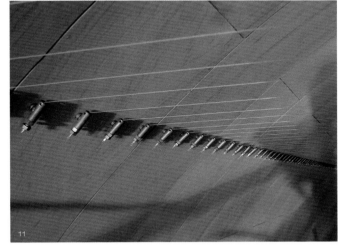

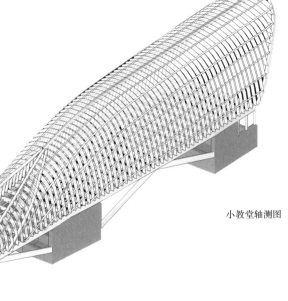

小教堂轴测图

京都民宿

项目地点：京都
建筑面积：Omoya / 111.23 平方米，Hanare / 74.53 平方米
完成时间：2016
建筑设计：Endo Shojiro (Endo Shojiro Design), Tada Masaharu (td-Atelier)
摄影：Matsumura Kohei
委托方：Matsui Satoshi (Shizuya KYOTO)

这是京都的一家靠近京都站的古老的日式旅馆和木制公寓。从主要街道转入狭窄小巷后，便能看到旅馆入口。住在这里的旅客可以远离城市的喧嚣。该项目是要将旅馆和公寓改造成民宿。两栋建筑分别命名为"Omoya"和"Hanare"，"Omoya"在日语中意为"主体建筑"，"Hanare"在日语中意为"独立建筑"。设计团队希望打造一个使世界各地的旅客都能感受到京都氛围的民宿，还希望来自不同国家的旅客可以在这里互相交流。

Omoya 内的客房布局十分紧凑，内设书房、储藏间和低举架卧室。客房的天花板是倾斜的，从走廊的一侧看去，好似联体房屋。

Hanare 内设有大型共享空间和多功能隔间。隔间包含一间客房、共享厨房和水边功能区。众多方形建筑围成的大型共享空间就好像一个城市广场。两栋建筑都将木制结构裸露在外。新旧建筑相互融合，逐渐形成了一种全新的建筑理念。民宿布局不仅可以为旅客交流提供机会，还能保证私密性。

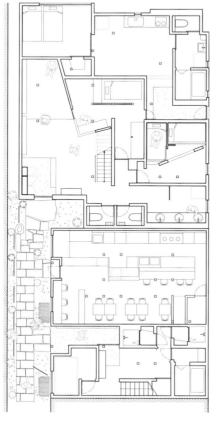

一楼平面图

二楼平面图

民宿外部是一处好似小巷的空间，这里用到了很多日式花园的元素。花园旁边有一栋高层建筑。黑钢板缓解了这里的胁迫感。虽然这家民宿的面积有限，却成为众多旅客选择相遇与告别的场所。

剖面图 1

剖面图 2

07

08

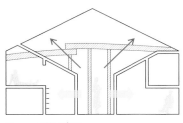

Omoya 二楼示意图

Hanare 二楼示意图

① 书房
② 用两个房间改造成的储藏间
③ 下层空间
④ 上层空间

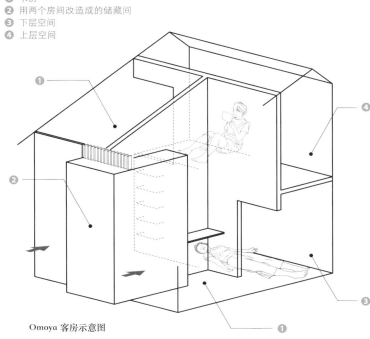

Omoya 客房示意图

日式温泉旅馆

项目地点：京都，京丹后
建筑面积：主楼 / 1195.6 平方米
KINEAN / 927.95 平方米
完成时间：2017
建筑设计：Akitoshi Imafuku,
Nobuaki Suzuki, Mariko Seto
（supermaniac Inc.）
摄影：Daisuke Shima
（Ad hoc Inc.）
委托方：Mikio Nakae（SUMIHEI）

这是一家 140 多年前在京都京丹后市建立的日式旅馆。京丹后市位于京都府最北部，市内海岸线延伸，景色优美，地质条件十分优越。

设计团队希望将这家日式旅馆打造成一个人们可以充分感受京丹后绚丽多彩的四季美景的地方。在日本，人们不仅能够看到季节的变化，还能通过声音感受季节的变化，因而设计团队将四季变化反映到小屋的命名上。

2010 年，设计团队将原有的 KINEAN（意为季节的声音）平房延伸至前面新购置的地块上，并以这家日式温泉旅馆内最大的家庭温泉为中心修建前厅建筑。其中的 Kaze-no-Ne 客房和 Nami-no-Ne 客房彼此独立，"Kaze-no-Ne"意指风的声音，"Nami-no-Ne"意指波浪的声音。设计团队的理念就是设计一家旅馆，让住客在聆听来自大海的风浪声的同时，充分感受美丽的季节变换。KINEAN 内两个房间的设计突出了京丹后的特色。Nami-no-Ne 客房的电视板和卧室背板使用了 Tango Chirimen 纺织品，卧室背板的设计灵感源于京丹后美丽的海景。这两个房间的日式花园是用海沙打造的，使人联想到京丹后的海滨。设计团队与业主和旅馆工作人员进行了深入的探讨，找到远离京都中心的京丹后的真正魅力——除了自然之外，什么都没有，设计师逐渐意识到虚无之美，达到浑然天成的境界。因此，设计团队决定将这家日式温泉旅馆打造成一个人们可以尽情欣赏京丹后风光的地方，于是在每处设计中都加入了一些本土元素。

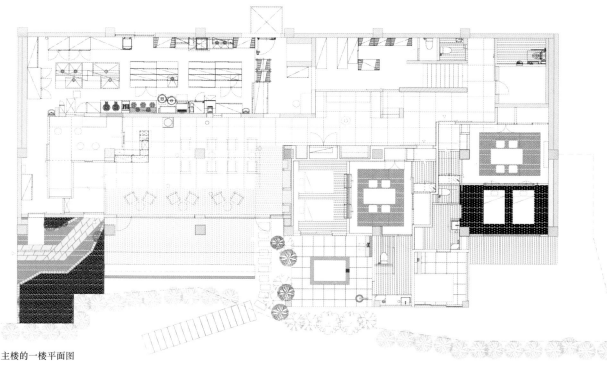

主楼的一楼平面图

在建造独立房间之后，设计团队开始一点儿一点儿地整修日式旅馆。第二个项目是于
2014 年改造的大堂和三间客房。当住客走进大堂时，便能看到用已经使用了近百年
的旧橱柜改造的收银台。设计团队还为大堂休息室设计了宽阔的落地窗，构筑了天空
和海洋的美景。

沿着窗户的咖啡桌是用重复利用的太鼓（日本鼓）打造的。橱柜和太鼓象征了这家日式
温泉旅馆的历史，而地板所使用的树干材料则提醒住客仍身处自然之中。同时，他们还
对大堂、一楼的两间客房和二楼的一间客房进行了整修。一楼经过整修的房间为专用
房间 Kanami-no-Ma。在这些房间内，古香古色的门窗成为榻榻米房间和卧室之间的
隔断。

第三个项目是于 2015 年进行的餐厅翻新项目。用餐空间过去只是一个摆放桌椅的宽
敞区域，可以接待团体旅客。但是随着时间的推移，人们更喜欢独自出行，而不是跟
团旅游，并且想在住宿期间更好地享用美食。尽管住客需要更多的私人空间，但他们
也愿意与厨师和旅馆员工沟通，旅馆员工也希望了解如何更好地为住客提供服务，因
此设计团队需要找到一种建立模糊界限的方法，兼顾私密性和可见性。与业主讨论
后，设计团队决定使用在附近海滩上发现的浮木和竹子来建立模糊的界限。最后，他
们将这里划分成多个用餐空间，其数量与客房数量一致，并使用了 2000 根浮木和

2000 根竹子。浮木和竹子象征性地表达了京丹后一带起伏的波浪：以竹子为海，以浮木为浪。每一根浮木与竹子之间的缝隙都是经过精心设计的，旅馆工作人员可以由此注意到顾客在餐厅内的活动，并为他们提供更好的服务，而顾客也不会因为被注意而感到尴尬。这些缝隙还在通道上投射出漂亮而有趣的影子。除了这些分区，餐厅还增设了厨房柜台。顾客可以在柜台处询问厨师有哪些推荐菜和当地的食物，看看新鲜的海鲜和蔬菜，也可以看到厨师烹饪的过程。厨房上方的顶壁采用了日本传统的金、铜、锡等金属箔装饰技术。柜台墙壁粉刷了亮光漆，闪闪发光。这个厨房柜台就像是厨师与顾客的沟通中心。柜台设计与其他区域的设计风格保持一致，但是加入了些许传统技术的趣味，以此展现旅馆悠久的历史。

第三个项目完成后，设计团队于 2015 年对二楼的浴室和雪茄房进行了翻新，之后于 2016 年对二楼客房 "Sazanami" 进行了翻新。

第四个项目是在 Kaze-no-Ne 和 Nami-no-Ne 客房旁边新购置的地块上对 KINEAN 进行扩建。设计团队于 2010 年设计的独立别墅一直都很受欢迎，旅游旺季时很难预订，因此业主希望对其进行扩建，以满足更多住客的住宿需求。另外，这一项目也满足了住客的另一个要求：家庭温泉的隐私性要好，住客可以与家人朋友一同享用。

设计团队修建了三栋新建筑: 大堂建筑、北侧建筑和南侧建筑。大堂建筑内设有大堂休息室和家庭温泉。顾客可以在大堂休息室放松休息,欣赏天空和海洋的美景,还可以一边喝饮料,一边翻看各种书籍和杂志。大堂休息室最显著的特点就是设计团队为这个休息室设计的云形沙发。躺在沙发上观看日出和日落,真是绝佳的享受。此外,设计团队还用 Tango Chirimen 纺织品设计了长凳。室外露台上放有户外沙发和桌子,并配有生物乙醇炉,人们可以近距离地欣赏这里的美景。南侧建筑和北侧建筑紧邻大堂建筑,Han-no-Ne 和 Hata-no-Ne 客房设在南侧建筑内,Hoshi-no-Ne 和 Tsuki-no-Ne 客房设在北侧建筑内。每个房间的背景墙上都摆放了不同的艺术作品,其材料选用的是一种日本传统的绒布——Tango Chirimen 纺织品。这些艺术作品是房间的象征符号: Han-no-Ne 客房的雪蟹、Hata-no-Ne 客房的纺织品、Hoshi-no-Ne 客房的流星和宇宙、Tsuki-no-Ne 客房的月亮。11 月份开放后不久,KINEAN 的新房间便全部被预订出去了。

06

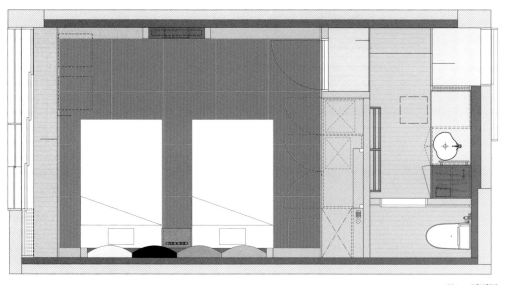

Chiyo 平面图

08

09

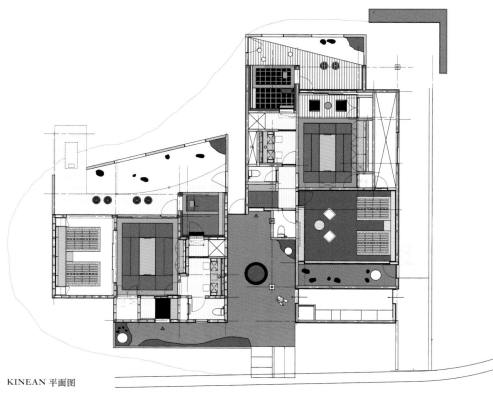

KINEAN 平面图

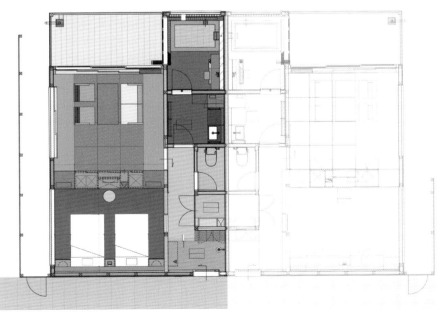

客房平面图

山手台民宿

项目地点：兵库，宝冢
建筑面积：300 平方米
完成时间：2016
建筑设计：Satoru Shinno
摄影：Eiji Tomita
委托方：Suito Co., Ltd.

该项目位于一个倾斜的山坡上，周围风景宜人。白天海风拂面，夜晚山风徐徐。每到旅游季节，这家日式风格的民宿都会接待很多外国游客。

建筑三分之一的面积被修设成露台，并用作主要的社交空间，从这里可以看到远处地平线上的日式风格建筑。空间内部与外部的分界线非常模糊，借助夜间闪烁的城市灯光营造了一种梦幻般的氛围。

旅馆外观设计还包括屋顶深檐设计，以此烘托出一种日式氛围，同时降低屋顶高度，使建筑风格看起来不那么现代。另外，垂直格架被摆放在重要位置上，非常具有感染力。

浴室内安装了一个用日本十和田石打造的浴缸，这种石头产自日本东北部地区。遇到热水时，这种石头就会从灰色变成绿色，看上去非常漂亮。另外，为了消除住客旅途中的疲惫之感，设计团队还在露台上安装了一个陶瓷的浴缸。紧邻露台的一侧装有大块玻璃，这样一来，住客便可以将周边美景尽收眼底。为了增加室内的私密性，设计

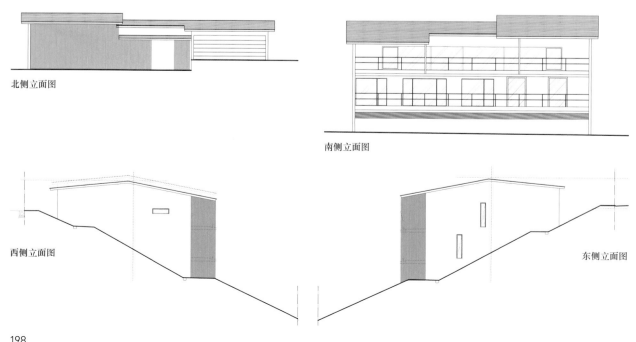

北侧立面图

南侧立面图

西侧立面图

东侧立面图

团队将日式格架引入室内，同时也缓和了空间的压迫感和封闭感，而格架也在视觉上增加了空间的深度和层次。日式花园是用当地材料和树木打造的，住客可以在此感受到日本四季的变化。

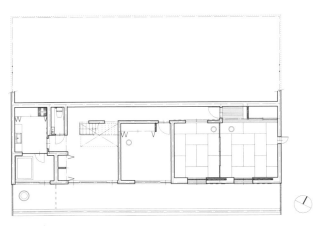

一楼平面图

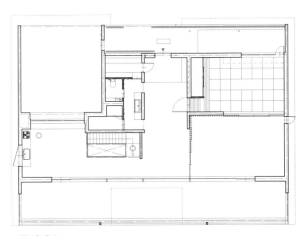

二楼平面图

03

04

05

四季十乐民宿

项目地点：京都
建筑面积：381.14 平方米
完成时间：2016
建筑设计：Shigenori Uoya
摄影：Yohei Sasakura
委托方：Voluntary Investors
合作者：Link Up Co., Ltd.

四季十乐民宿是一家租赁型旅馆，包括两个面向街道而设的町屋（商铺），九个面向小巷而设的长屋（连栋房屋）和沙龙共享空间。旅馆不仅为旅客提供传统的私人空间，让他们感觉好像住在自己家一样，还提供礼宾和沙龙等全套旅馆服务。外国旅客可以感受到京都的古城风貌和日本的传统美。

在京都，仍然有很多传统的町屋和长屋处于空置状态。从资源和空间的角度来看，这无疑是巨大的浪费。该项目或许可以成为那些破败房屋重获新生的典范，人们可以对包括历史古巷和分段建筑在内的城市结构进行改造，然后传给下一代。在京都的旅游淡季，这些房子还可以作为常规住房使用。

城市会受到来自世界各地的影响，该项目反其道而行，利用现有情况，将京都这座城市的特色传承下去。京都的城市历史结构，以及传统住宅的布局和构造体系，赋予这一改造原型以完美的特征。

另外，该项目旨在将传统建筑技术（木工、粉刷）和传统产业（漆器、陶器和唐纸艺术）结合在一起，建立起建筑与传统产业之间的联系，重振传统产业。

立面图

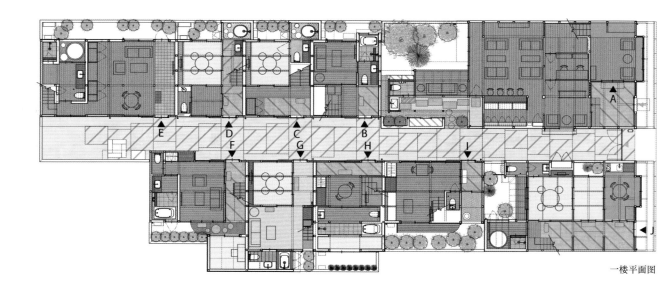

一楼平面图

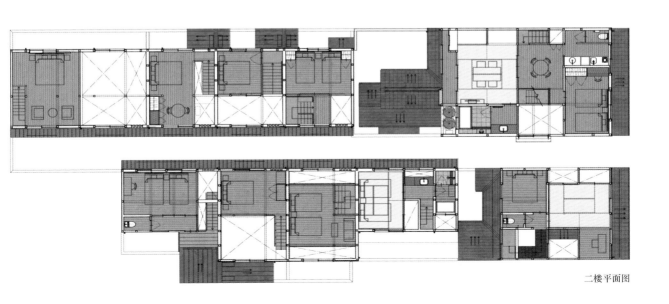

二楼平面图

05

南侧剖面图

北侧剖面图

竹泉庄藏王温泉度假酒店

项目地点：宫城
建筑面积：3172.2 平方米
完成时间：2010
建筑设计：Hashimoto Yukio
摄影：Nacása & Partners Inc.
（Atsushi Nakamichi）
委托方：Osbert Hotels Co.,Ltd.

竹泉庄位于日本宫城县 Tokatta 温泉区的藏王国定公园内，占地约 66 000 平方米，隐匿于自然美景之中。设计团队将一家传统的日式旅馆改造成一家酒店。他们力求赋予酒店以独特个性，以便住客能够更好地欣赏酒店周围的自然景致，获得绝无仅有的住宿体验。他们在大堂休息区悬挂了一个日本钟，而它实际上是壁炉的排风罩，这是整个空间的一大亮点。

这个日本钟上有在江户时期统治这一地区的伊达家族的族徽，充满了历史气息。在日本，壁炉旁边是非常重要的家庭交流空间，在这里可以听到很多当地的民间故事和关于历史的记忆。

设计团队用格架在休息区的天花板上设置了假横梁，他们希望打造虚实结合的神秘空间，而且使用了很多当地的天然材料。他们用当地的一种石材打造了户外浴池，使其与周围的自然景观融为一体。傍晚时分，斑驳的树影投射在潮湿的浴池平台上，营

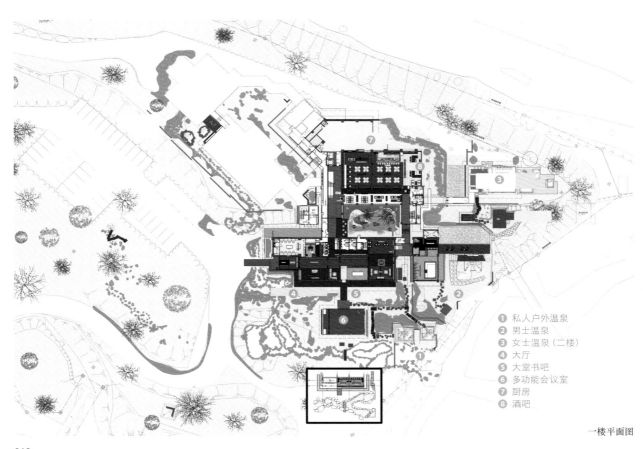

① 私人户外温泉
② 男士温泉
③ 女士温泉（二楼）
④ 大厅
⑤ 大堂书吧
⑥ 多功能会议室
⑦ 厨房
⑧ 酒吧

一楼平面图

造出缥缈虚无的环境氛围。民宿设计的施工材料出自当地，如饰有落叶浮雕图案的灰泥墙、安山石墙、天然木材打造的家具等，使空间氛围变得温暖而平和。

设计团队为客房准备了矮床，并重新审视卧室与浴室之间的关系。他们根据房间类型设计格局不同的浴室，住客打开屏风后，浴室与卧室便形成了一个连通的空间。瀑布旁边设有户外私人浴池和日式柏木浴盆，住客可以在此享受他们的沐浴时间。

01

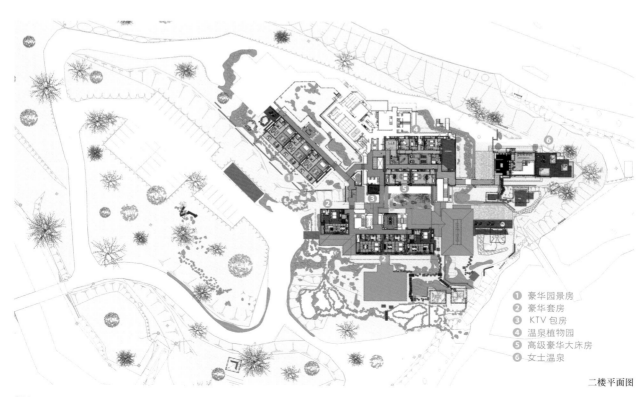

① 豪华园景房
② 豪华套房
③ KTV 包房
④ 温泉植物园
⑤ 高级豪华大床房
⑥ 女士温泉

二楼平面图

03

04

08

三楼 平面图

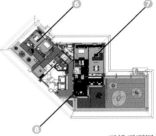

五楼 平面图

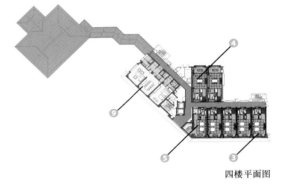

四楼 平面图

09

219

无我民宿

项目地点：彦根
建筑面积：78.74 平方米
完成时间：2013
建筑设计：TOFU Architects
摄影：Yohei Sasakura

这家民宿位于日本彦根，TOFU 的大阪工作室依托一栋拥有 100 年历史的日本传统民居打造了这家民宿。翻新旧房子会带来巨大的成本，遵循建筑新规也会带来极大的改变，而设计师并不希望如此。因此，设计师建议搁置传统建筑，在日本民居旁边建造一栋新建筑，为客人提供住宿。设计理念是让客人体验以日本传统民居为背景的日式花园，享受舒适、惬意的时光。

这栋传统日本民居的两侧设有 L 形围栏，将花园与道路隔开。这种建筑造型使客人能欣赏到不同视角下的花园景观和传统日本民居。建筑本身扮演了回廊（带顶的传统日式过道）的角色，将日式花园环绕其中——设计师不希望影响到原有的日本传统民居，因而采用了这种建筑造型，而民宿建筑的高度选择也是出于这个原因。屋檐的高度与原有的日本传统民居和谐相融，突出了建筑的水平形式，而且遵循了彦根市竭力保护传统建筑景观的建筑法规。

墙面铺装也采用了传统风格——土壁，由项目场地内的土壤砌筑而成。外墙采用了相同的材料，并加入了水泥。有色墙面营造出一种层次感，衬托着素土夯实结构的外观，并再次突出了民宿建筑的水平形式。

1 自行车停放处
2 内院
3 榻榻米房
4 客房
5 厨房
6 入口

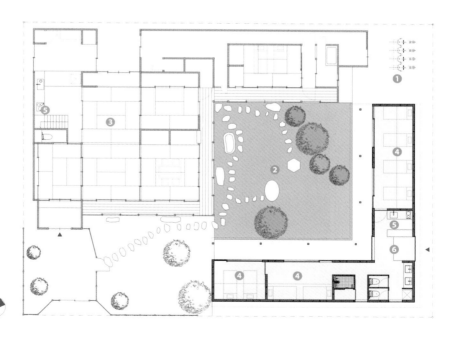

平面图

民宿内部的设施用到了胶合板材料，倚靠在洁白的墙壁上。设计师希望在预算成本受限制的条件下，营造一个温馨的空间，因而更倾向于低成本制造方法。

新建筑与日本传统民居为人们提供了感受四季的机会。设计师希望这家民宿给人们带来怀旧的空间体验，使他们仿佛回到了昔日的日本田园郊野。

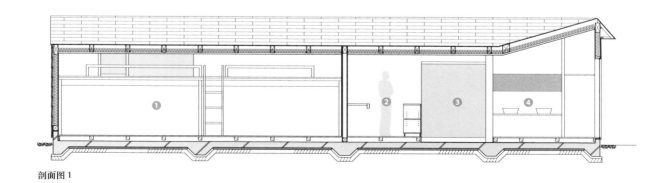

剖面图 1

 客房
❷ 厨房
❸ 入口
❹ 盥洗室

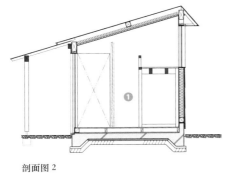

剖面图 2

07

大阪美和雅旅舍

项目地点：大阪
建筑面积：139 平方米
完成时间：2016
建筑设计：Swing
摄影：Stirling Elmendorf
委托方：Mitsuwaya

这是一家为从世界各地来到日本大阪的游客打造的旅舍。旅舍虽然位于大阪市中心，却保留了老城区的乡村景色。

这里的交通十分便利，环境优雅舒适，还能看到春天绽放的娇艳樱花。正是上述几项因素，使这里每年都会吸引大量的海外游客。这也是旅舍改造的主要原因之一。这里历史悠久，考虑到这一点，设计师决定让旅舍空间和细节设计与周围环境协调统一。

旅舍采用木材搭建而成，内设 44 张床位。旅舍内铺设的松木地板随着时间的推移变得愈发漂亮。旅客可以在轻松的榻榻米空间内感受真实的日本，享受安静的时光。木质窗框与窗外盛开的樱花组合在一起，好似一幅漂亮的传统油画。

❶ 入口和接待区
❷ 大堂休息区
❸ 榻榻米一角
❹ 洗衣房和卫生间
❺ 淋浴房
❻ 宿舍
❼ 办公室

二楼平面图

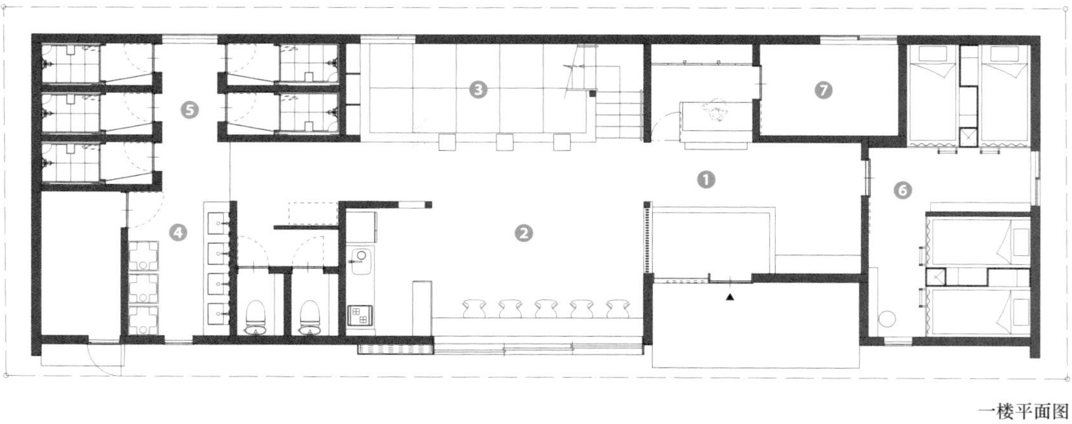

一楼平面图

"Omotenashi" 在日语中意为 "以诚待客"，这是该项目的设计理念。虽然该项目并不是传统的现代建筑设计项目，但是人们依然可以在这里发现很多现代、传统和时尚的元素。

为了研究旅舍的设计理念，设计师先后投宿于多家旅舍，这些住宿体验为旅舍的设计提供了很大帮助。业主对最终的设计十分满意，游客也有机会体验这一舒适、实用、时尚的原创旅舍。

大阪美和雅旅舍给住客留下了深刻的印象，他们觉得这是一个像家一样舒适、温馨的旅馆。舒适、安全、便捷的空间具有普适性，虽然他们来自不同的国家，但他们对这类住宿的需求是不变的。

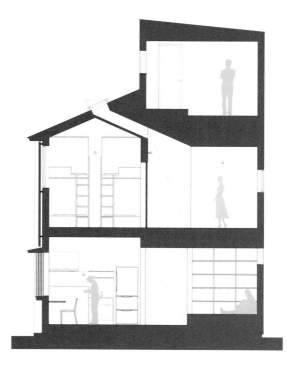

剖面图

03

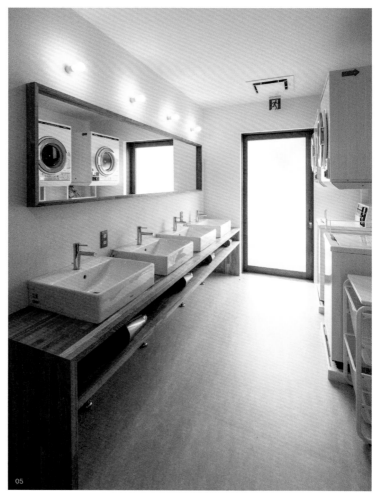

07

高野山青年旅舍

项目地点：高野山
项目面积：96 平方米
完成时间：2012
建筑设计：Kentaro Takeguchi, Asako Yamamoto（ALPHAVILLE）
摄影：Toshiyuki Yano
委托方：Ryochi Takai

高野山在历史上被视为日本最神圣的山之一，是象征佛教真言宗一派的圣地，其历史可以追溯到 1200 年前。由于历史悠久且有着丰富的文化内涵，因而被人们视为心灵回归的圣地。

设计团队在高野山为来自世界各地的年轻人打造了一个全新的旅舍，这里有一座建于 1200 年前的真言宗派寺庙。旅舍既有日本胶囊型宾馆的特点，可以很好地保护住宿者的隐私，又有宿舍的特点，为住宿者提供更多的交流机会。每个单人间都直接面向走廊，这样便可在住宿者之间留出合适的距离，保护他们的隐私。设计选用了薄木质结构，环保设施清晰可见、易于维护，空间构成简单，旅舍主人和住宿者可以长期使用这栋建筑，并对其进行维护和改造。

设计师设计了两个规模不同的空间。一个是可以容纳 20 人的休息厅，另一个空间通过设置简单且连续的木质框架结构，形成一个个床垫大小的单人间。每隔 46 厘米便有一个 5 厘米 ×10 厘米的木质结构，其形成的外墙将内部隔间包围起来。结构、涂层或家具之间没有层级之分，与旧式日本传统建筑十分相像。

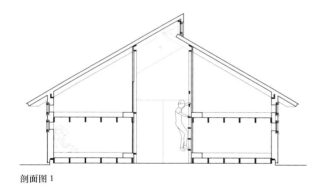

剖面图 1

剖面图 2

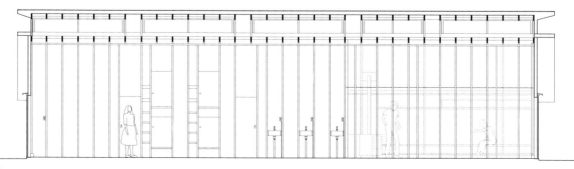

剖面图 3

在旅舍中央，两根木质柱廊之间的过道光线自然，高侧采光建立起私人空间与公共休息空间之间的联系。设计师充分利用穿过木质结构的柔和光线，向传统日本建筑致敬。柔软、细小的柱子给予住宿者非常人性化的感受，这些柱子汇集到一起，使休息厅和吧台区看起来更加宽敞。

平面图

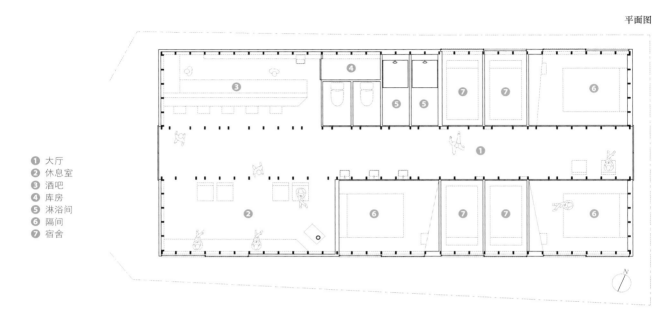

❶ 大厅
❷ 休息室
❸ 酒吧
❹ 库房
❺ 淋浴间
❻ 隔间
❼ 宿舍

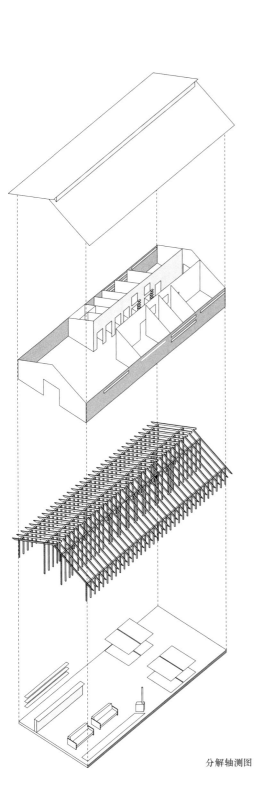

分解轴测图

松屋

项目地点：山梨
建筑面积：282 平方米
完成时间：2008
建筑设计：Seiichi Ogihara
(Studio Beruna)
摄影：Takesi Noguti
委托方：kuranoyado Matuya

富士山山脚下的富士河口湖町如今吸引了越来越多的外国游客，原因在于富士山被列入了世界遗产名录。松屋是一家村舍式旅馆，由五栋住宿建筑、一栋接待建筑和一栋野外烧烤建筑组成。松屋紧邻河口湖湖畔，在这里，游客可以欣赏到富士山的美景。从外面看，住宿建筑好似一个传统的日本仓库，采用了瓷砖屋顶、黑色隔板和石膏墙面。建筑与公共空间之间的巷子给人一种怀旧的感觉，外国游客可以在此感受日本文化及柔和舒缓的空间。

设计团队根据可以容纳的住客数量设计出五栋各不相同的住宿建筑，从而满足住客的各种需求，无论是一个家庭、一个小团体，还是 15 人的大团体。每栋住宿建筑都设有一个宽敞的露天平台，旁边是厨房和餐厅，安静、封闭的卧室设在半地下式区域，房间内铺有榻榻米，住客可以在这里看到很多日本元素，并体验长崎陶瓷露天浴缸。

错层式设计为住客带来了一个多样化、舒适的室内空间。木框架给人留下深刻、生动的印象。即便没有门，各层楼的高度差也能控制人们的视线。住客可以聚集在建筑中央的餐厅内，在与其他人保持适当距离的同时，享受自己的舒适空间。当然，他们还可以自由选择自己的位置和使用它们的方式。每栋住宿建筑都可以欣赏到富士山的美景，住客可以在奢华的私人空间内待上一整天。

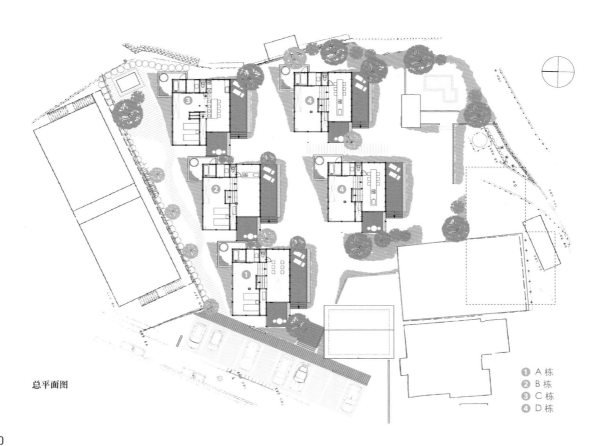

总平面图

1 A 栋
2 B 栋
3 C 栋
4 D 栋

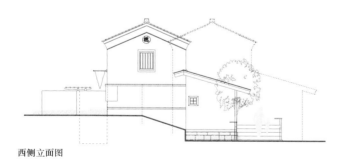

西侧立面图

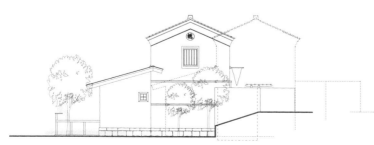

东侧立面图

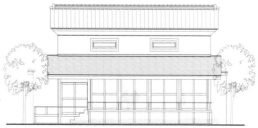

南侧立面图

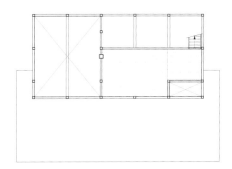

三楼平面图

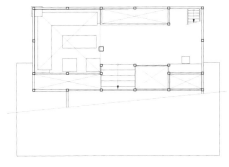

二楼平面图

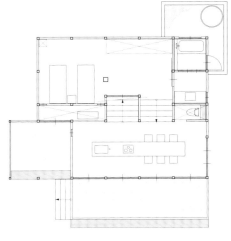

一楼平面图

05

山林小屋

项目地点：鸟取，西伯郡
建筑面积：253.61 平方米
完成时间：2011
建筑设计：Keisuke Kawaguchi,
Yuhei Ryuno
摄影：Nacasa & Partners Inc.
(Koji Fujii)

委托方要求设计团队为其打造一栋可以感受四季风光、享受乡间生活的小屋。经过考虑后，设计团队选定了用钢筋混凝土柱子进行支撑的活动地板设计，并将主要生活空间设置在二楼，以抵御一楼的潮气，并保证空气流通，同时还能保护小屋免受风雪袭扰。

在设计这栋山林小屋时，设计团队打算尽可能多地保留现有的树木，目的是不增加开阔场地的面积。现场勘察显示，树木的栽种密度不同，有些地方没有树木，露出开阔的场地，而有些地方树木繁茂。设计团队还注意到，被松树环绕的区域十分明显。因此，在设计山林小屋之前，他们勘察了树木的位置，并将它们的高度和树枝伸展情况绘制出来。每个空间的功能取决于被树木所环绕的区域的宽度和高度，这些空间与短通道相连。在完成设计草图之后，设计团队借助现场的绳索来检查树木和建筑物之间的位置关系，然后确定最终的位置，并进行反复调整。

考虑到秋天落叶和冬天降雪的情况，设计团队为每个房间都设置了一个坡面屋顶，屋顶朝向取决于房间的开窗或树枝的伸展情况。窗户的位置和尺寸则是根据它们与树木之间的距离和视野情况确定的，同时也考虑了透过树叶的日光和透过窗户的光线情况。

山林小屋通过"诊断树木"的方式实现与自然的和谐共处，是一个极佳的建筑范例。建筑与树木之间的亲密关系增强了建筑的力量，也使建筑与大自然很好地融合在一起。

❶ 主卧
❷ 车库

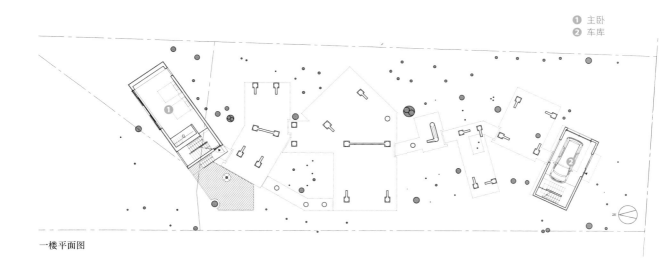

一楼平面图

02

03

04

二楼平面图

西侧立面图

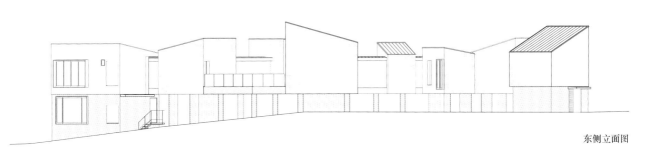

东侧立面图

索引

Ryuichi Ashizawa Architects & associates

P 172

Website: www.r-a-architects.com
Tel: (+81) 6-6485-2017
Email: raa@r-a-architects.com

Shinno, Satoru

P 198

Website: archixxx.jp
Tel: (+81) 6-6364-5640
Email: office@archixxx.jp

SpaceClip

P 40

Website: spaceclip.jp
Tel: (+81) 75-741-6896
Email: okada@spaceclip.jp

Studio Beruna

P 240

Website: www.be-runa.jp
Tel: (+81) 0553-32-3701
Email: studio2013@be-runa.jp

supermaniac Inc.

P 186

Website: www.supermaniac.ne.jp
Tel: (+81) 03-6795-1092
Email: ueji@supermaniac.ne.jp

Swing

P 226

Website: swing-k.net
Tel: (+81) 6-6195-7277
Email: anezaki@swing-k.net

tamtamDESIGN

P 116

Website: tamtamdesign.net
Tel: (+81) 93-967-3115
Email: tam@tamtamdesign.net

The Range Design Inc.

P 50

Website: the-rangedesign.co.jp
Tel: (+81) 03-5579-9813
Email: info@the-rangedesign.co.jp

TOFU Architects

P 220

Website: www.tofu-ao.com
Tel: (+81) 6-6282-7000
Email: fumiyaogawa@gmail.com

UDS Ltd.

PP 50, 96, 126

Website: www.uds-net.co.jp
Tel: (+81) 3-5413-394
Email: pr@uds-net.co.jp

Uoya, Shigenori

P 204

Website: www.uoya.info
Tel: (+81) 75-361-5660
Email: wu@uoya.info

Yukio, Hashimoto

P 212

Website: www.hydesign.jp
Tel: (+81) 3-5474-1724
Email: tokuda@hydesign.jp

Yuko Nagayama & Associates

P 146

Website: www.yukonagayama.co.jp
Tel: (+81) 03-6913-7097
Email: contact@yukonagayama.co.jp